获"汕头大学出版资助基金资助"和"教育部人文社科基金项目（12YJC790286）资助"

经济管理学术文库·管理类

# 中小企业外部网络与创新绩效
## ——来自潮汕产业集群的实证研究

External Network and Innovation Performance in SMEs:
The Empirical Study on Industrial Cluster in Chaoshan

郑慕强　徐宗玲／著

U0342825

经济管理出版社
ECONOMY & MANAGEMENT PUBLISHING HOUSE

**图书在版编目（CIP）数据**

中小企业外部网络与创新绩效/郑慕强，徐宗玲著 .—北京：经济管理出版社，2014.4

ISBN 978 - 7 - 5096 - 2984 - 0

Ⅰ.①中…Ⅱ.①郑…②徐…Ⅲ.①中小企业—计算机网络管理　Ⅳ.①TP393.18

中国版本图书馆 CIP 数据核字（2014）第 037404 号

组稿编辑：申桂萍
责任编辑：刘　宏
责任印制：司东翔
责任校对：陈　颖

出版发行：经济管理出版社
　　　　　（北京市海淀区北蜂窝 8 号中雅大厦 A 座 11 层　100038）
网　　　址：www. E - mp. com. cn
电　　　话：(010) 51915602
印　　　刷：北京京华虎彩印刷有限公司
经　　　销：新华书店
开　　　本：720mm×1000mm/16
印　　　张：12. 5
字　　　数：215 千字
版　　　次：2014 年 4 月第 1 版　2014 年 4 月第 1 次印刷
书　　　号：978 - 7 - 5096 - 2984 - 0
定　　　价：39. 00 元

# 前　言

近年来，竞争全球化、技术跳跃式革新对我国中小企业的行为产生了极大的影响。作为提高自身竞争实力的创新活动，已成为我国本地企业生存与发展的新主题，是企业获取长期竞争优势的源泉之一。然而，本地中小企业的技术创新，仅仅依靠自身的"闭门造车"是远远不够的，更重要的是要通过不断地进行外部学习和知识创造来获取。特别是随着中国改革开放的逐步深入，处在加快转变经济发展方式的关键时刻，我国传统产业竞争力如何得以不断提升、新兴产业如何不断实现倍增，在与其他企业合作与竞争中不断获取先进的信息与知识，并结合自身情况进行技术创新是关键。同时，这也是当今摆在学术界、企业界与政府面前的热点问题和难点问题之一。"十二五"时期是我国全面建设小康社会、深化改革开放、加快转变经济发展方式的关键时期，必须将科技进步和创新作为转变经济发展方式的重要支撑，将培育和发展战略性新兴产业作为把握国际科技和经济竞争制高点的重要方向，引领和推进我国可持续发展。

目前，广东省正在实行产业升级与产业转型战略，潮汕地区是广东省产业转移、升级与发展的重点地区之一，因为该地区民营经济发达，中小企业经营模式主要为产业集群。所以，基于产业集群的企业网络是潮汕地区中小企业实现产业升级的重要途径，是不断获取竞争优势的一种重要战略选择。产业集群是中小企业地理集聚和空间积聚所形成的一种区域关系网络，通过这种形式，中小企业与外部知识源和信息源建立了广泛的联系，促进了技术和产品创新（张方华，2003）。在中国最早对外开放的地区之一———以汕头经济特区为中心的潮汕地区，基于不同产业的集群所形成的企业网络往往表现为以一个或者多个行政区、镇为单位，集聚大量的同行中小企业或者相关企业，由此形成了高度集聚的经济体。如汕头澄海的玩具专业镇区、汕头潮南潮阳的内衣花边专业镇、汕头金平的包装印刷行业集群、汕头龙湖的新材料产业集群、潮州彩塘的不锈钢专业镇、揭阳炮台地都的石材专业镇等等。

本书基于社会资本理论和企业理论，通过对企业网络最新相关文献的回顾以及国内外中小企业创新网络研究现状的梳理，并结合对潮汕中小企业的实地调研情况，通过对潮汕地区三个不同行业的企业集群（潮阳潮南的花边内衣行业、汕头的包装印刷行业、潮州彩塘的不锈钢行业）的 224 家中小企业进行问卷调查，以及汕头内衣名镇企业所进行的针对性深度访谈，试图回答以下四个研究问题：第一，潮汕中小企业地理集聚对区域创新能力的提高与经济实力的增强起什么作用？第二，中小企业创新绩效的提高是否依赖于企业外部网络关系的构建？如果是，是怎样的一种依赖关系？第三，中小企业外部网络对企业创新绩效的影响过程中吸收能力是否起作用？起什么作用？第四，在中小企业众多外部网络成员中，它们的作用是否一样？

本书通过系统的比较方法详细分析了潮汕中小企业外部网络对创新能力提高与经济实力增强的作用，利用层次回归与路径分析实证研究了企业外部网络通过吸收能力作为调节和中介作用来影响企业的创新绩效。最后，结合案例分析，检验了实证研究结果并提出了新的研究思路。

本书的研究认为，在外部网络对企业创新的影响过程中，吸收能力起调节和中介双重作用；在外部伙伴关系网络和资助关系网络对企业创新的影响过程中，吸收能力都起调节和中介的双重作用。这说明两个不同的网络对企业创新活动都很重要。

# 目 录

# 第一章 绪 论

在探讨中小企业怎么样利用集群网络中的信息与知识进行创新的过程中，企业外部网络、吸收能力与创新绩效是一个核心内容。外部网络作为企业社会资本的重要组成部分，一方面，它布满着新技术、新产品、销售渠道等信息；另一方面，这些散布在外部的潜在资源，不会自动地转化为企业的创新成果，需要自身去识别、挖掘、吸纳和应用它们，最终转化为创新绩效。因此，这三者之间的关系成为集群中中小企业进行外部学习和创新活动的焦点问题。

## 第一节 研究背景及问题提出

### 一、研究背景

全球化是当今世界经济发展的一个主要特征，同时也是一个复杂的、相互依赖、相互融合的过程。随着我国改革的不断深入，经济全球化将突出表现在深度一体化、经济自由化和生产全球化、服务多元化。虽然全球化表面上似乎削弱了地点和区域的重要性和独特性，然而世界范围内众多地区对于资本和劳动力的持续吸引力，却从相反的方向为经济活动的本地化趋势提供了证据。大量研究表明，许多产业的生产活动都倾向于集中在某些特定的区域进行，这些地理集中的专业化产业集群能够有效地增强企业、区域乃至国家的竞争优势。地处中国最早对外开放的广东省，本土企业怎样在全球化高度发达的背景下利用好本地资源优势、地理优势和集聚优势，更好地参与国际竞争将是巨大的挑战。总之，本地企业赖以生存的外部环境发生了很大变化。竞争全球化、消费需求改变、技术跳跃式革新以及产品生命周期不断缩短对传统行业和新技术行业企业行为都产生了极大的影响。企业生存环境的改变对企业灵活性、效率和学习能力等提出了更高要求。企业不再仅仅以对稀缺资源的占有来获得竞争优势，而通过不断的学习和知识创造也是获取自己竞争优势的重要方式（Larson，1998）。①企业的竞争优势不仅取决于其内部所拥有的资源，而且取决于嵌入在各种社会关系网络中的难以被竞争对手模仿的各种资源与能力（Dyer，1998）。②

在当今的世界经济版图上，由于大量企业集群的存在，形成了色彩斑斓、块状明显的"经济马赛克"，世界财富的绝大多数都是在这些块状区域内被创造出的（Scott & Storper，1992）。③除意大利、美国硅谷、好莱坞以及英国剑桥等有著名的产业集群外，发展中国家和地区也同样存在着大量的专业化产业集群。这些集群虽然在产业和技术基础、组织形态以及集群的深度和广度等方面，与发达国家集群相比均有所差异，但仍然是许多发展中国家产业和经济发展的基础和亮点，其中比较具有代表性的集群包括拉丁美洲的巴西 Sino Valley 鞋业集群、Santa Catarina 制陶业及纺织服装集群、墨西哥 Guadalajara 鞋业集群、秘鲁 Lima 服装制造集群。即使是在工业化水平相对落后的非洲也同样存在产业集群，比较有代表性的集群有肯尼亚 Eastlands 服装制造集群、加纳 Suame 车辆维修和金属加工集群以及南非 Western Cape 的服装制造集群。亚洲巴基斯坦 Sialkot 外科器械与运动产品集群、印度 Tiruppur 棉织物集群、Bangalore 电子与计算机软件集群、中国北京中关村电子信息产业集群、广东东莞信息产业集群、浙江绍兴轻纺集群等（田家欣，2007）。④这些产业集群在地区经济发展中起着重要的作用，产值占很大比重。20 世纪 90

---

① Larson，R. & Bengtsson，L. The Inter – organization Learning Dilemma：Collective Knowledge Development in Strategic Alliances［J］. Organization Science，1998，11（9）：283 – 305.

② Dyer，J. H. & Singh，H. The Relational View：Cooperative Strategy and Sources of Inter – organizational Competitive Advantage［J］. The Academy of Management Review，1998，23（4）：660 – 679.

③ Scott，A. J. & Storper，M. Pathways to Industrialization and Regional Development［M］. London：Routledge，1992：3 – 22.

④ 田家欣，贾生华. 提升民营企业国际分工地位［J］. 浙江经济，2007（6）：13 – 16.

年代中期，美国380个企业集群就生产了接近全美60%的产出。早在1995年意大利的企业集群就有199个，其每年200多亿美元的出口额主要由66个主要的企业集群生产。近些年来，发展中国家的产业集群也在不断涌现，印度各地分布着大量的产业集群，2000年大约350个产业集群创造了印度制造业出口额的60%。

地区生产网络、全球价值链的形成，"模块化"、"生产流程片段化"以及"价值链切片"等组织方式，不仅拓宽了发展中国家企业进入全球市场的道路，还为发展中国家企业的产业升级、结构转型以及技术创新与管理提供了机会。地区大型企业利用内部组织网络实现分工与创新，而对技术基础和资源薄弱的本地中小企业来说，单凭自身的力量难以在激烈的竞争市场环境中生存和发展。总之，对于本地中小企业的技术和产品创新来说，各种各样的网络组织是非常重要的。在全球环境影响下国内中小企业发展战略的一种选择和响应是形成企业集群，这是企业通过与外部知识源和信息源建立广泛的社会关系网络、获取新的信息和知识的一种网络形式，是中小企业地理集聚和空间积聚所形成的一种区域关系网络。在一定程度上说明了中小企业发展有它们自己的方式和独立生存空间。

## 二、问题的提出

在广东，企业地理集聚往往是与一个镇或者多个行政划分的镇为单位，集聚大量的同一个行业的中小企业或者相关行业的企业。有几百个以生产专业工业品为主的大量中小企业专业镇积聚经济群，如珠三角东莞各镇的电子和服装等行业、中山古镇的灯饰行业、汕头谷饶和峡山等镇的内衣花边行业、汕头澄海的玩具行业、金平的包装印刷行业等。这些经济区内的主要特色是大量同行业的中小企业在地理上的集聚，使得企业之间业务交流非常频繁，企业相互间分工和合作，企业职工生活和工作高度融合，形成了一种社会专业生产的网络组织。这种网络组织是区域中小企业发展的一种典型形式。这些区域往往被冠以中国××名镇或者中国××名城的称号，如汕头澄海是中国玩具礼品城，汕头谷饶是中国内衣名镇，不锈钢之乡的潮州彩塘镇。

在这些专业镇，企业网络主要是为技术和产品创新提供知识源和信息源，这种源泉应该分别来自企业外部的伙伴关系网络和资助关系网络。在汕头谷饶镇的中心大道或者峡山镇的金光路上，店面之间频繁的互动和拥挤的顾客流让调研人员甚是感叹。随时都有人拿着一些花边或内衣的样品在街上忙碌地徘徊，有的想询问有无货源，有的想咨询有无代理，有的想了解有无相应设备，有的想寻求合作伙伴等。走进潮州彩塘镇的中小企业，你会发现这些企业中的主要人员一心想着的和讨论的都是产品、合作以及竞争的情况。在这里，你会发现这些专业镇每年都在不断地发展和壮大，其他专业镇的雏形也开始在潮汕各地区逐步形成，如揭阳地都和炮台的石材行业、潮州庵埠的腌制食品行业等。

一方面，对企业地理集聚网络的形成和发展机制，经济学家们往往用社会化规模生产、专业化分工、交易成本等理论分析，认为中小企业集群是节约交易成本、降低交易风险、增强创新绩效的组织形式。同一行业大量中小企业在一个地域的集聚，共享公共基础设施，以垂直一体化和水平一体化组织生产，大大降低了生产成本。在共同的产业文化背景下的以人与人之间信用为基础的经济与网络关系，是维系顾客、供应商、协作和资源的互补互利纽带，这种纽带无需增加额外的组织成本和管理费用，却增强了中小企业间的创新合作和创新绩效。因此，中小企业要在本行业和市场中有所作为、发展壮大就必须不断提高自身的创新能力和创新绩效，这需要企业建立与外界广泛的联系，如与上游企业、下游企业、同行企业等各种企业，政府部门、科研机构、行业协会等各种公共部门等，以弥补自身各种资源和技术的不足。

另一方面，相关理论与实证研究发现，企业网络资源对企业创新的影响在企业吸收能力不同的情况下会有很大差异。在我们对研究对象进行初步访谈时也发现，企业地理集聚网络中的大部分中小企业与其他网络对象的联系都很有特点，如与上下游企业、同行企业和其他相关企业的联系比较多，也很频繁；与政府部门、行业协会、大学等科研机构和银行等金融机构的联系比较少，来往也很少。集群中网络强度虽然不同，但网络互惠度却差不多。本书称前者为伙伴型关系网络，后者为资助型关系网络。因此，本书主要关注企业外部网络、吸收能力与创新绩效三者的关系以及比较伙伴关系网络与资助关系网络对企业创新绩效影响的情况。

本书提出了以下四个问题：第一，潮汕中小企业地理集聚在区域创新能力的提高与经济实力的增强上起什么作用？第二，中小企业创新绩效的提高是否依赖于外部网络关系的构建？如果是，是怎样的一种依赖关系？第三，中小企业外部网络对企业创新绩效的影响过程中吸收能力是否起作用？起什么作用？第四，在中小企业众多外部网络成员中，他们对企业进行外部学习和创新活动的作用是否一样？

# 第二节　若干概念

## 一、研究对象

研究对象定为企业层面，聚焦于企业外部网络对企业创新绩效的影响和作用机制。在评价企业外部网络、吸收能力和企业创新绩效的基础上，运用结构方程模型分析和多元线性回归里面的层次回归分析来分析和验证企业外部网络、吸收能力和企业创新绩效五组变量之间的关系。最后结合两个案例分析——基于不同吸收能力下的企业网络与创新绩效关系的再检验、潮汕谷饶内衣名镇创新技术平台的构建与实践，对实证研究结果进行了检验，并提出了研究最后的结论。

## 二、概念界定和解释

1. 企业外部网络（External Network）

由一组自主独立而又相互关系的企业，依据专业化分工和协作集聚在一起的，是一种具有长期性的、有指向的，既包括企业间的又包括企业内部的组织整合体（陈守明，2002）。[1]本书研究的企业网络是指企业地理集聚的同行业中小企业，其中网络往来对象包括本企业、客户、供应商、同行企业、其他企业、政府部门、行业协会、大学或科研机构和银行的联系。

2. 企业伙伴关系网络（Partnership – based linkages）

指与企业来往对象中的上游企业、下游企业、同行企业和其他相关企业所构成的网络联结。本研究认为伙伴关系不是一种简单的双向的关系（Lee，2001），[2]是从关系的性质和联系的强弱程度来考虑的，总体来说，是企业比较常来往的"伙伴型互助型"的网络对象。

3. 企业资助关系网络（Sponsorship – based Linkages）

指与企业来往对象中的政府部门、行业协会、大学等科研机构和银行等金融机构所构成的网络联结。本研究认为资助关系不是一种简单的单向关系（Lee，2001），是从关系的性质和联系的强弱程度来考虑的，总体来说，是企业比较少来往的"对企业起资助作用"的网络对象。

4. 吸收能力（Absorptive Capability）

指企业识别外部技术知识（Cohen & Levinthal，1990）、[3]市场信息、相关政策的价值，消化并整合内部资源和信息（Mowery & Oxley，1995；Kim，1998），[4][5]并最终将之应用于商业化目的以获得收益的能力。

5. 企业创新绩效（Innovation Performance）

是技术要求比较高的行业（技术型行业）中的企业进行一些技术创新活动成果的综合体现。包括申请的专利情况、新产品的开发情况、新产品的销

---

[1] 陈守明. 现代企业网络［M］. 上海：上海人民出版社，2002：1 – 126.

[2] Lee, C. & Lee, K.. Internal Capabilities, External Networks, and Performance：A Study on Technology – based Ventures［J］. Strategic Management Journal, 2001, 22（1）：615 –640.

[3] Cohen, J. & Levinthal, D. A.. Absorptive Capacity：A New Perspective on Learning and Innovation［J］. Administrative Science Quarterly, 1990, 35（1）：128 – 152.

[4] Mowery, D. C. & Oxley, J. E.. Inward Technology Transfer and Competitiveness：The Role of National Innovation Systems［J］. Cambridge Journal of Economics, 1995, 19（1）：67 –93.

[5] Kim, L.. Crisis Construction and Organizational Learning：Capability Building in Catching – up at Hyundai Motor［J］. Organization Science, 1998, 9（4）：506 –521.

售收益情况等（Hagedoom & Cloodt，2003），[1]体现了创新效率和创新效益（张方华，2004）。[2]

6. 中小企业地理集聚（SMEs Geographic Cluster）

由于研究背景及研究目的的不同，学者们对中小企业地理集聚的定义也不尽相同。Williamson（1985）[3]认为企业集群是基于专业化分工和协作的众多中小企业在地理和空间集合起来的，介于纯市场和科层之间的中间组织；Porter（1998）[4]是这样描述集群的："它们包括零部件、机器和服务等专业化投入的供应商和专业化基础设施的提供者"。本书指区域中小企业通过相互间的配套合作以获取绩效优势的众多中小企业在地理上的集中（朱静芬和史占中，2003），[5]是企业网络的一种表现方式，它具有企业网络的特征。本书提到的企业集群、企业网络与企业地理集聚在本研究中是同样的研究对象。

7. 调节变量（Moderator Variable）

也称为缓冲变量，指与预测指标一起影响效标的变量，也就是调节变量越大，预测指标对效标的影响就越大。

8. 中介变量（Mediator Variable）

指在预测指标和效标之间的中介指标，是不能观察到的，也就是预测指标通过中介变量影响效标。

# 第三节　技术路线

本书采用的技术路线如图 1-1 所示。

---

① Hadgedoom & Cloodt. Measuring Innovation Performance: Is There an Advantage in Using Multiple Indicators? [J]. Research Policy, 2003, 32 (1): 56-79.

② 张方华. 企业的社会资本与技术合作 [J]. 科研管理, 2004, 25 (2): 31-36.

③ Williamson, O. E.. The Economic Institutions of Capitalism: Firms, Markets and Relational-contracting [M]. New York: Free Press. 1985.

④ Porter, M. E.. Clusters and the New Economics of Competition [J]. Harvard Business Review, 1998, 76 (6): 77-90.

⑤ 朱静芬, 史占中. 中小企业集群发展理论综述 [J]. 学术动态, 2003, 9 (3): 57-63.

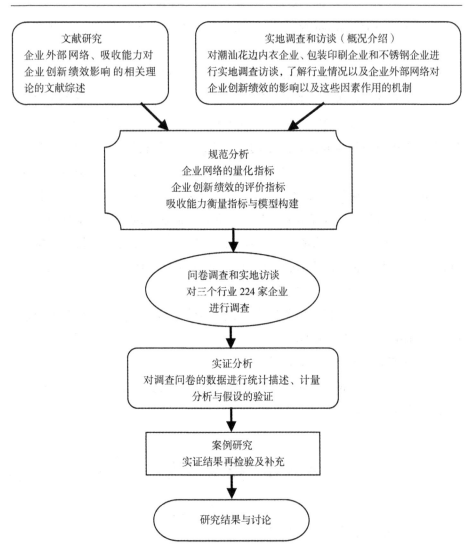

图1-1　本书的技术路线

　　首先，进行资料收集和实地初步访谈，了解潮汕中小企业集群的发展模式，包括形成的原因、对区域经济发展与创新活动的作用。其次，通过文献回顾，归纳和整理前人关于企业网络、吸收能力与创新绩效关系的研究文献，在此基础上提出本书的研究假设。再次，构建本研究的概念模型，并进行变量的界定、量化以及问卷设计。又次，通过问卷调查收集数据，并进行实证检验。最后，通过对汕头花边内衣行业以及谷饶 28 家内衣企业的深度访谈，进行案例分析，进一步校对和修正本书的实证研究结论。通过理论分析、实证检验、案例分析以及实地调研，为潮汕中小企业进行创新活动提出相关的意见和建议。

# 第四节　结构安排：研究的目标、内容及方法

## 一、研究目标

通过对潮汕特别是汕头中小企业地理集聚网络的实证研究，剖析区域中小企业的外部网络结构特征、吸收能力以及对企业创新绩效的影响情况以及中小企业地理集聚对区域创新能力和经济实力有什么作用。本书不是简单地对这些地区的中小企业网络的归纳和总结，而是以这些地区企业网络为基础，进行理论探索、实证检验和个案分析。

1. 理论探索

从理论上探讨潮汕地区中小企业地理集聚网络的企业外部网络特征、网络现状、网络类型、企业吸收能力、创新绩效；同时，探讨在吸收能力影响下不同网络资源对企业创新绩效的作用等，为中小企业进行产业升级、结构转型以及技术创新与管理提供理论借鉴。

2. 实证检验

以定量方法，剖析潮汕地区中小企业的外部网络、吸收能力和创新绩效的测量条目；建立基于吸收能力影响下外部网络关系对创新绩效的作用模型。另外，把外部网络分为伙伴关系型网络和资助关系型网络，并通过吸收能力来研究它们对创新绩效的影响等。

3. 个案分析

以全国内衣名镇——谷饶镇为案例，通过对若干相关企业进行深度访谈，探索不同的网络成员在企业进行外部学习和创新活动中所起的作用。以此作

为提出构建和完善区域中小企业网络的政策依据。

## 二、研究内容

本书研究内容主要包括两个方面：①在企业网络中，有关中小企业网络特征、吸收能力与企业创新绩效的理论研究。这部分研究首先对国内外这几方面的概念和关系模型进行理论综述。在归纳总结的基础上，提出本书研究的概念定义和研究关系的模型。②潮汕地区中小企业外部网络实证调查和分析。

### （一）实证调查的三个层面

本书的作者之一近年来曾经从事汕头花边内衣行业的英语口语翻译兼职工作，接触本行业所在的六个内衣名镇的中小企业上百家，认识了许多当地企业家和企业主要管理和技术人员，拥有许多可信调查资源。通过工作需要与他们交谈，对本地区和本行业情况有较深的了解。在调研过程中得到了本行业许多企业老总和主要负责人的支持和协作，得以开展对集聚网络内中小企业进行实证调查。调查基于三个方面：一是对行业和所属区域实地考察；二是问卷调查；三是实地深度访谈（见图1-2）。

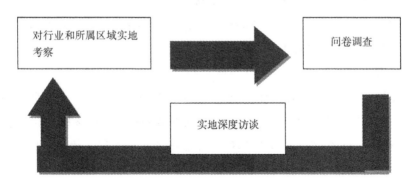

图1-2　实证调查的三个层面

（二）统计（计量经济）分析

基于实地调查和深度访谈的数据，本书主要提出两个方面的分析模型：一是吸收能力作为中介变量的路径分析模型；二是吸收能力作为调节变量的层次回归分析模型。

（三）实地深度访谈

基于对汕头花边内衣行业的所有企业以及重点选取的 28 多家谷饶镇花边内衣企业进行的深度访谈，对理论和计量分析结果进行一番验证分析，以此提出政策建议和区域企业集群发展模式的展望。

## 三、研究方法

本研究利用国内外相关研究成果，分析中小企业外部网络的发展，对潮汕花边内衣行业、包装印刷行业和不锈钢行业企业外部网络进行实证调查，通过实证调研剖析中小企业的现状和发展。在实证调查方面，本研究的许多数据都是在对这两个行业进行深入调查的基础上作出的。实证调研的方法包括实际情况了解、问卷调查的发放、深度访谈等。我们走访了潮汕地区的中国花边内衣名镇、中国玩具礼品城、不锈钢名镇、包装印刷以及揭阳地都石材部分企业等中小企业行业集群的地方，取得了第一手资料。此外，还深度访谈了谷饶 28 多家花边内衣行业的企业主要负责人，对其进行了案例分析。在调查问卷和模型、统计分析方面，本书调查的对象是企业层面上企业主要负责人。在问卷数据的基础上，利用 Excel、SPSS 13.0、Eviews 5.0 以及 LIS-REL 8.7 统计软件对数据进行处理、统计分析。利用问卷数据，建立非参数检验模型、线性回归模型、结构方程模型，验证基于吸收能力影响下的企业网络与企业创新绩效的关系。

## 四、结构安排

根据上述研究内容，本书共分六个主要章节。具体结构安排如图 1-3 所示。

第一章，绪论。本章首先说明研究背景和研究的意义，并提出研究问题；其次，在对本书若干重要概念进行解释和界定的基础上提出本书研究的技术路线图；再次，通过对研究思路的了解，详细解释本书的结构安排，包括研究的目标、内容及方法等；最后，从三个方面介绍本书研究的创新之处。

第二章，潮汕中小企业地理集聚的模式分析。本章分析中小企业地理集聚这种特别的发展模式在潮汕地区形成的原因、地理集聚对潮汕地区经济发展的作用、地理集聚是潮汕地区不断创新与发展的意义。通过这三方面的介绍，初步了解潮汕中小企业地理集聚的发展模式。

第三章，文献综述。综合论述外部网络、外部网络与企业创新绩效的关系、吸收能力在外部网络与企业创新绩效之间所起作用三方面的研究现状。

第四章，研究模型构建和假设提出。首先，根据不同的研究问题构建不同的概念模型；其次，对模型中的变量进行解释；最后，提出研究的假设。

第五章，研究设计与数据说明。首先，围绕着检验研究假设，设计调查问卷和数据收集；其次，对变量进行测量；最后，对收集的样本数据进行信度和效度分析。

第六章，实证分析与讨论。根据样本数据，针对吸收能力是否起调节作用和中介作用进行定量分析和实证检验。

第七章，不同吸收能力下的企业网络效应。吸收能力在企业外部学习和创新活动中企业重要作用，那么在不同吸收能力情况下，企业网络效应如何呢？本章针对这个问题开展实证分析和个案讨论。

第八章，谷饶内衣名镇技术创新平台的构建与实践。根据以上实证分析结论，通过对全国内衣名镇谷饶的若干家相关企业进行深度访谈，进一步探索其不同网络对象在外部学习与创新活动中所起的不同作用，总结其创新平台的构建与实践。

第九章，结论与展望。总结本书的主要观点，讨论本书的理论贡献与实践意义以及存在的局限性。

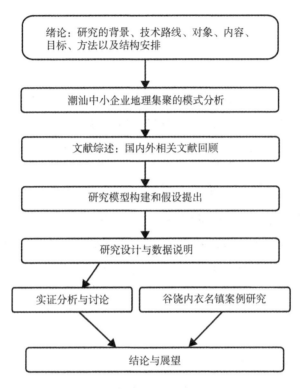

图1-3 研究结构安排

# 第五节 创新之处

## 一、研究对象

长期以来，学术界对中小企业创新网络的研究主要从宏观和中观的角度出发，可是中小企业地理集聚在不同的地区受不同文化的影响而呈现出不同特点。本书以潮汕地区集群网络中的企业为研究对象，对企业外部网络特征、外部网络对企业绩效的影响和作用机制、如何利用外部网络实现创新的模式等进行全面系统的分析。

## 二、研究视角

网络对象在中小企业创新活动中的作用已经得到学术界一致认同，但是不同的网络对象具体起什么作用，却很少得到有针对性的研究和分析。本研究在通过计量研究与经典个案分析的基础上，系统分析了不同网络对象在中小企业创新活动中的作用。

另外，基于对影响吸收能力因素的探讨，以内衣行业为例，实证比较了不同吸收能力背景下的企业外部网络效应对创新绩效的影响。本书把不同吸收能力的背景归为知识和信息来源与性质、先验知识、组织结构与组织文化、本地企业的技术基础、自主研发能力、其他因素（企业家能力和汇率等）。

## 三、研究方法

当前中小企业创新网络问题的研究方法的特点主要有：定性研究较多，定量研究较少；规范研究较多，实证研究较少；个案研究较多，系统综合研究较少。本书采取定性研究和定量研究相结合，采用实证研究、规范分析和案例研究相结合的系统综合方法。

另外，在实证研究方面，吸收能力在外部网络与创新绩效之间的作用一直没受到重视，它起什么作用也极少得到具体全面的研究和讨论。本研究通过建立线性回归模型、结构方程模型，利用问卷调查得到的一手数据验证企业外部网络与企业创新绩效的关系，系统地研究分析了吸收能力在外部网络与创新绩效之间起的作用。

总之，本书较为系统分析了潮汕中小企业创新的重要性，通过建立线性回归模型、结构方程模型实证说明外部网络怎样影响企业创新活动，最后通过案例研究分析了中小企业是如何实现这种创新的。

# 第二章　潮汕中小企业
# 地理集聚的模式分析

中小企业在我国国民经济中发挥着不可替代的作用。目前，潮汕中小企业数量约占全部注册企业的99%。作为粤东地区的经济龙头，潮汕三市（汕头、揭阳、潮州）的中小企业的发展也是不可小觑的，三市的民营企业中有99%是家族企业。这些中小企业基本集中在潮汕地区十几个产业集群或者专业镇中，地理集群模式是潮汕中小企业生存与发展的重要组织形式。所以，对于潮汕经济发展支柱和区域创新原动力的中小企业地理集聚，探索其形成的原因，对于更好地认识和引导该地区中小企业发展与创新具有重要意义。

## 第一节　中小企业地理集聚在潮汕形成的原因

一般来说，企业集群是指在特定产业领域、特定地域中，一组通过共通性联结集聚而成的产业组织。主要是因为，企业能够使自己的利益得到最大化的呈现，企业集群效应是地理学的一个专有名词，在中国其实都表现为企业地理集聚。它是以专业市场为主导，一方面，通过供应商的产业链联结生产企业、研发机构、上游供应商和下游客户，形成"供应商—客户"关系。另一方面，通过竞争和合作关系联结竞争者，在集群内各专业之间形成竞争合作的商业伙伴关系。企业集群的形成，说明行业分工越细，人类越进步，这是马克思的著名论断。集群可以有效地使中小企业资源得到共享，比如技术、市场，集聚到一起可以节约初级商品的交通运输费用。然而，每个地区这种特殊的企业组织的形成原因却相去甚远。日本是新技术和集约化的构建、印度是高新技术与廉价劳动力的推动、中国台湾是地域性集聚和文化原因，等等。通过对潮汕十几个企业集群的产业进行初步访谈和了解，本书尝试从以下几点解释其存在的共同原因。

## 一、道路交通

马克思曾经说过："路修到哪里，人类文明就延伸到哪里。"同样，路修到哪里，哪里就有发展，就有摆脱贫穷的可能。路对于一个地区经济发展的重要性是众所周知的，那么路对于潮汕中小企业的发展重要吗？什么样的"道路"对于潮汕中小企业的发展最重要呢？根据潮汕十几个主要的中小企业集群的地理位置，参考广东省区域性地图，本书绘制了潮汕中小企业地理集聚分布情况（见图2-1）。

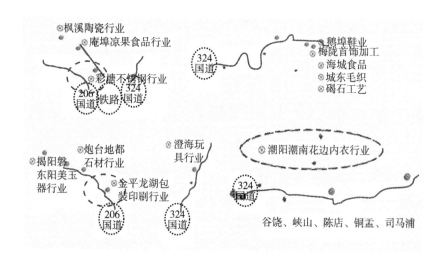

**图2-1 潮汕中小企业地理集聚分布情况**

注：带圈的三个行业（花边内衣、不锈钢和包装印刷）为本书实证研究调查样本对象。

资料来源：本研究的实地调研资料整理。

从图2-1可以清楚地看到，贯穿潮汕三市的两条国道——324国道和206国道的周边区域便是潮汕中小企业集聚所在地。324国道靠福建路段的澄海区，便形成了汕头玩具行业地理集聚；324 国道汕头中心路段的朝阳潮南区则出现了全国五个著名的内衣名镇——谷饶、峡山、陈店、铜盂和司马浦；324 国道的汕尾路段是汕尾供应品企业集聚的地区，包括鹅埠鞋业、梅陇首饰加工业、城东毛织、碣石工艺品业等。206 国道揭阳中心路道揭阳磐东阳美玉器业（中国玉都）；206 国道汕头与揭阳交接路段则存在炮台与地都两个石材专业名镇；206 国道大学路路段金平区内则出现许多大大小小的包装印刷企业的集聚。同时，在 206 国道与 324 国道中间的潮州市、广梅汕铁路附近则存在着枫溪陶瓷业、彩塘不锈钢业和庵埠凉果食品业中小企业的地理集聚。在潮汕地区，其他没有国道贯穿的地方基本没有中小企业集群的存在，或没有成规模的中小企业地理集聚的诞生。也就是说，国道的贯穿是潮汕中小企业地理集聚形成的必要条件。

## 二、悠久的经商文化的熏陶

潮汕地区位于广东省东南端，包括汕头、潮州和揭阳三个市，总面积是 1.0346 万平方公里（见图 2-2）。由韩江三角洲、榕江三角洲、练江三角洲、黄冈河三角洲组成的潮汕平原是广东省的第二大平原。潮汕平原依山临海，是一个面向海洋的半封闭地区。贯穿于潮汕平原的韩江是广东的第二大河。莲花山——阴那山山脉是粤东平行岭谷中最长的山脉，从东北部与福建接壤的大埔至西南的大鹏湾，长达 400 公里，将粤东分成东南和西北两部分，成为潮汕地区与兴梅客家地区的天然界线，同时也是潮汕地区和珠江流域的分水岭。

两晋时期中原人大规模南移，有些移民从福建南部进入韩江流域，然后在那里定居，视为福佬。宋元时期，福建就有不少居民向广东东部迁移，明初至清中叶期间，更有大量的移民迁入粤东南沿海地区。本区的语言是潮汕话。

从明清时期开始，潮汕地区的商贸经济一直活跃，潮汕商人遍布世界各地。潮商"率操奇赢，兴贩他省，上溯津门，下通台厦"。1861 年汕头开埠后，潮汕对外贸易迅速扩大，形成"富者出本，贫者出身，贸易诸国"的群

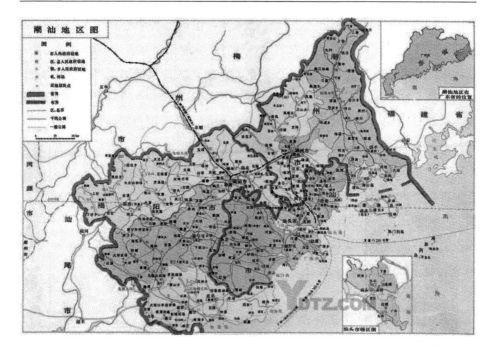

**图 2 - 2　潮汕地区示意图**

资料来源：http：//www.chaorenwang.com/csintro/stmap.htm。

体务商态势。近代潮汕商业社会的形成，得益于得天独厚的自然地理条件，得益于汕头的开埠，更是得益于潮汕人诚实经商、敢闯敢拼的精神。

潮汕人常常会有三个"500 万"之说：本地有 500 万潮汕人、国内其他地区 500 万潮汕人、海外 500 万潮汕人。潮汕可以说是我国著名的侨乡，具有明显的侨乡文化特色。潮汕人在原来是荒蛮之地上流离失所、苦心耕耘，甚至漂洋过海、艰苦谋生，造就了潮汕人的竞争意识、开放意识、创业意识、经商意识和奋斗意识。这是潮汕本土的原生文化与周边文化在长期交流渗透发展特别是中外文化交融的过程中形成的优秀品质，它们已经变成潮汕传统文化的组成部分。潮汕人素以勤劳俭朴、坚毅奋斗著称。重诚信、善经营、团结互助，落地生根的特点熏陶着这里一代又一代的民营企业家。

在汕头谷饶内衣行业企业家的访谈过程中，本书发现：多数家族祖辈都有经商的经历。当问及为什么会从事内衣这个行业时，他们的回答几乎是一致的:"我也不知道为什么做这行,就是觉得周围的人都做了,生意也比较好做,就这样开始的。"当问及对自家小孩有什么要求时,他们大部分的回答是:"书读会就读,读不会就出来做生意。"就是这种从小培养出来的"生意经",使得这里的人不是把读书作为人生唯一的出路,也正是这种"生意经",使得这里的人从小就有了跟其他地区小孩不一样的选择和不一样的理念。在这些中小企业走访过程中,这里很多小孩不管成绩好坏,放学后便回到自家经营的店面,边写作业边帮忙看店。正是这种从小对商业行为的耳濡目染,造就了这里盛产民营企业家的传统。

## 三、独具特色"亲戚关系网"的孵化

中国人历来注重人情和亲戚关系,潮汕地区更是如此。许多外地的女孩子都听过这样一句话"千万别嫁潮汕男人",这并不是说这里的男人不好,主要是因为外地的女孩子嫁到潮汕后难以应付当地复杂的亲戚关系。特别是这里的乡镇地区更是如此,基本上整个乡村的人都是亲戚,什么"堂弟、堂表妹、老叔、老表舅、表婶、表姨……"一大串,碰上了什么好事坏事都要找亲戚。如果家有喜事不说,亲戚怪你眼里没他;碰到难以自己应对的事不讲,亲戚说你看不起他。

也正是这种复杂庞大的"关系网络",使得这里的中小企业集群发展壮大,并独具特色。例如,最初可能是做内衣的贸易生意,当生意慢慢做大了,便想自己开厂做成品内衣。生产内衣便需要如花边、织带、金属扣、染色等原料或辅料。通常情况下,企业会选择通过市场进行采购和交易。但是在潮汕地区,内衣企业一般会介绍或者资助他们的亲戚来做这些生意,通过这样的亲缘方式来进行分工合作。当亲戚的生意做起来后,亲戚又会介绍亲戚的亲戚来做相关的生意,形成一个"亲戚关系网"。如图 2-3 所示,A 的内衣厂做大了,便需要各方亲戚的原材料供应——需要 A 表弟的花边行和 A 堂姐的织带行供布料,再者需要 A 表叔的染厂进行染色打样,还需要 A 舅舅的金属厂供应装饰品,A 的阿姨的贸易公司进行协助销售,等等。同时,当 A 有女儿或者儿子与 B 结婚,结成亲家,那么会帮助 B 的内衣厂或者花边行开张。这样，B 也需要自己亲戚的辅助材料和服务的供应，也将带动许多人经商。所以，在汕头的谷饶、峡山和陈店等镇逐渐形成了花边内衣以及各种经营链条的地理集聚。其实，这也正是 Burt（1982）所提出的人际关系网络在企业网络中的体现。

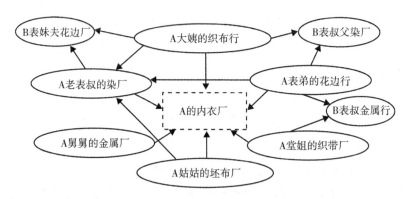

**图 2-3　谷饶镇花边内衣行业"企业网络"孵化情况**

资料来源：本研究的实地调研资料整理。

有些人可能会认为，把生意介绍给自己亲戚或者资助自己亲戚做，等亲戚把生意做大了难道不怕抢了自己的饭碗吗？本书在访谈中也提到类似的问题，他们的回答是"肥水不流外人田"。一方面，如果不给自己亲戚做，别人（外人）也会来做；另一方面，亲戚生活好坏与自己息息相关，亲戚生活好自己脸上有光，生活不好自己也觉得不好受。这便是这里独具特色的"亲戚关系网络"。由于血缘、地缘的关系，促使同宗、同姓、同乡甚至同学、同道和同好等关系紧密联结，在许多大小不等的民营企业中形成了这样一种有系统的合作关系，从原材料采购、接单、为他人代工，甚至在销售渠道和市场上，均由层层纵横交错的人际、生产、代工和行销网络所构成。而这种特有的网络关系，不仅降低了外购交易行为的成本，而且促使企业在经营决策上信息的顺畅流通，面对市场的变化能很快作出有效的应变对策，掌握商机、降低风险；同时，在遇到经营困难时，也能同舟共济、渡过难关。

## 四、"义气"观念维系着诚信合作

潮汕地理集聚中的民营企业在发展过程中，建立了低成本且有效率的生产和商贸网络，维系这些网络的除了亲情，更重要的还有"诚信"与"承诺"等潜规则。这种潜规则是维系集群内企业所形成的长期关系的纽带，并使地理集聚内中小企业在面对外来竞争者时，拥有独特的竞争优势。

**图2-4　"诚信"——潮汕企业的生存之道**

人无信不立，无义不正。潮汕人一个重要的特点就是"讲义气"，这是一种隐形的文化意识，这种意识强烈地融汇于人们行为信条和价值准则之中。以"义气"和"情义"为纽带的管理在中小企业集群网络中有极其重要的意义。首先，表现为沟通频率的提高增加了企业内部成员的认同效应。其次，表现为组织的整合功能强。由于人们的认识达到统一，组织的规范和秩序不仅易于建立，而且易于成为其成员的行为准则，其内协效率高而导致实现目标的力量集中，从而减少阻力而有利于目标的实现。最后，部门之间的协调成本和费用也会降低。

通过访谈，本书发现：澄海玩具行业中的企业在交易过程中没有使用签字画押的现代契约合同，也没有明细的赔偿、处罚规定和专利保护条例。但是，这里一切的经营活动井然有序，很少发生纠纷和欺诈交易的行为。本书认为，现代契约往往对违约双方的补偿是有界限的，而在地理集聚网络中，若某个企业违反承诺，失去信任，就意味着面对整个集群全体成员的违诺，因为这种"不义"的行为所带来的损失是难以用财富来衡量的，而且还会殃及自己的亲属和后代。

虽然"义气"观念不是潮汕民营企业家特有的，但这种观念却成了维系潮汕中小企业地理集聚的信条。要使自己的买卖做得越来越好，就要讲信用、讲道德。信任是集群内的中小企业之间建立伙伴关系的前提条件，是企业集群发育成长的内因。它在潮汕中小企业的形成与发展中发挥的作用格外显著。

## 第二节　中小企业地理集聚是潮汕经济发展的支柱

Porter（2002）[1]认为，企业集群因素支配着当今的世界经济地图，集群就是位于某个地方、在特定领域内获得不同寻常的竞争胜利的重要集中。事实上，中小企业集群是每个国家国民经济、区域经济、州内经济，甚至都市经济的一个显著特征，在经济发达的国家和地区尤其如此。从意大利、美国、日本以及我国的浙江、苏南、福建、台湾等经济较发达地区都是以中小企业地理集聚来支撑整个区域经济的稳定和发展。处于中国改革开放最前方的广东，中小企业地理集聚更是拉动整个广东经济稳定发展的生命线，而经济特区汕头所在的潮汕地区，中小企业集聚的形成与发展更是支持着整个区域的稳定

---

[1]　Porter，M. E.. National Competitive Advantage [J]. New York：Free Press，2002.

与繁荣。至 2003 年汕头区域重新规划，整合为六区一县的行政区域模式后，汕头的主要税收收入均来自潮阳、潮南和澄海的企业，而这三个区也正是中小企业集聚的地区。可见，中小企业集聚对地区经济的发展具有重要的意义。

## 一、区域经济增长梯度和发展模式

（一）区域经济增长梯度

改革开放以来，广东省凭借其人缘、地缘以及政策等优势，经济得到了快速和持续的发展。然而，广东经济发展面临着省内地区之间经济发展水平差异较大、区域发展很不平衡的严峻问题。学术界通常将广东区域经济包含的 21 个城市划分为四个地区：珠三角（包括广州、深圳、珠海、佛山、江门、东莞、中山、惠州、肇庆市区共九个市）、粤东（包括汕头、潮州、揭阳、汕尾共四个市）、粤西（包括湛江、茂名、阳江共三个市）、粤北山区（包括云浮、清远、梅州、河源、韶关共五个市）。由于研究对象和研究目的的差异，这些区域所包含的城市也会略有不同（见图 2 - 5）。

**图 2 - 5  广东区域划分示意图**

资料来源：http://www.feihu168.com/guangdongshengditu。

本书针对广东省的近年来的发展和现实情况，参考相关的分析和研究，经过与相关专家学者的反复讨论，最终确定了区域经济发展水平的指标体系（见图2-6），各层元素的含义如表2-1所示。

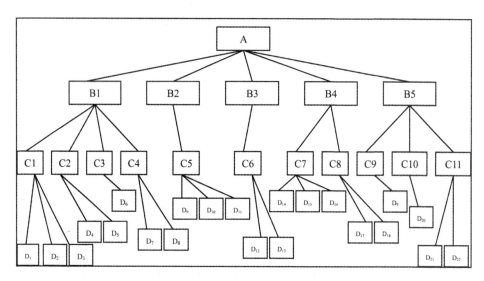

**图 2 - 6　广东省区域经济发展水平综合评价指标体系**

**表 2 - 1　评价指标含义**

| A 区域经济发展水平 | B1 生产力发展状况 | C1 国内生产总值 | D1 人均地区生产总值 |
| | | | D2 人均地方财政一般预算收入 |
| | | | D3 人均第二、三产业总产值 |
| | | C2 工业化水平 | D4 人均工业产值 |
| | | | D5 工业与农业总产值比率 |
| | | C3 第三产业水平 | D6 第三产业比重 |
| | | C4 科技状况 | D7 科技人员比率 |
| | | | D8 人均科研经费 |
| | B2 市场化程度 | C5 企业所有制结构 | D9 非公有制工业企业资产比率 |
| | | | D10 外商投资工业企业资产比率 |
| | | | D11 港澳台投资工业企业资产比率 |

续表

| A 区域经济发展水平 | B3 贸易状况 | C6 市场贸易 | D12 人均进出口总额 |
|---|---|---|---|
| | | | D13 人均社会消费品零售总额 |
| | B4 社会文化水平 | C7 社会城市化水平 | D14 非农业人口比重 |
| | | | D15 人均移动电话用户数 |
| | | | D16 人均国际互联网用户数 |
| | | C8 文化水平 | D17 中专与高等在校学生比例 |
| | | | D18 各类专业技术人员比率 |
| | B5 居民生活质量 | C9 居民收入 | D19 人均可支配收入 |
| | | C10 储蓄状况 | D20 人均储蓄额 |
| | | C11 生活质量 | D21 人均生活用电量 |
| | | | D22 基本医疗保险参与率 |

对图 2-1 所示的层次结构按层次分析法（AHP）用 1~9 标度构造了 12 个比较判断矩阵，对 10 位专家进行了问卷调查，利用 Expert Choice 软件进行分析，得出了 22 个指标相对于目标层的权重值（见表 2-2），并通过了一致性检验。

表 2-2　广东省区域经济发展水平评价指标的权重

| 指标 | D1 | D2 | D3 | D4 | D5 | D6 | D7 | D8 | D9 | D10 | D11 |
|---|---|---|---|---|---|---|---|---|---|---|---|
| 权重 | 0.0226 | 0.0228 | 0.0302 | 0.0278 | 0.0179 | 0.0508 | 0.0234 | 0.0234 | 0.0206 | 0.0329 | 0.0315 |

| 指标 | D12 | D13 | D14 | D15 | D16 | D17 | D18 | D19 | D20 | D21 | D22 |
|---|---|---|---|---|---|---|---|---|---|---|---|
| 权重 | 0.0295 | 0.0815 | 0.0238 | 0.0148 | 0.0286 | 0.0732 | 0.0707 | 0.0763 | 0.1122 | 0.1137 | 0.0718 |

设 $X_{ij}$ 表示第 i 个样本的第 j 个指标数据，共有 m 个样本，每个样本有 n 个指标，在评价计算之前首先对指标数据进行无量纲化，无量纲化后的指标为：

$$X'_{ij} = \frac{x_{ij} - x_{jmin}}{x_{jmax} - x_{jmin}} \quad i = 1, 2, \cdots, m; \ j = 1, 2, \cdots, n$$

其中，

$$x_{jmin} = \underset{1 \leqslant i \leqslant m}{Min} x_{ij}$$

$$x_{jmax} = \underset{1 \leqslant i \leqslant m}{Max} x_{ij} \quad j = 1, 2, \cdots, n$$

则各样本多指标综合评价值为：

$$y_i = \sum_{j=1}^{n} w_j x'_{ij} \times 100 \quad i = 1, 2, \cdots, m$$

其中，$w_j$ 为用 Expert Choice 软件计算出的各个指标的权重值，乘以 100 是为了使所有样本的综合评价值介于 0 和 100 之间。

把每个市作为一个样本，根据广东省 2007 年统计年鉴的数据，利用表 2 - 1 列出的指标权重值计算出的综合评价值如表 2 - 3 所示。

表 2 - 3　各市经济发展水平综合评价值

| 城市 | 得分 | 城市 | 得分 |
| --- | --- | --- | --- |
| 广 州 | 74.72 | 韶 关 | 14.21 |
| 深 圳 | 70.7 | 阳 江 | 12.85 |
| 珠 海 | 66.54 | 潮 州 | 11.25 |
| 中 山 | 59.77 | 湛 江 | 10.76 |
| 佛 山 | 49.12 | 清 远 | 9.9 |
| 东 莞 | 49.02 | 河 源 | 8.38 |
| 惠 州 | 25.87 | 汕 尾 | 7.59 |
| 汕 头 | 24.59 | 茂 名 | 6.1 |
| 江 门 | 20.16 | 揭 阳 | 5.43 |
| 肇 庆 | 16.45 | 云 浮 | 4.99 |
| | | 梅 州 | 4.38 |

综合评价给出了各市经济发展水平的综合指数，但是还需要考察各样本在多指标空间的聚集性，从而进行梯度分区。①

---

① 目前常用的模糊聚类方法有基于模糊等价关系的传递闭包法、基于模糊相似关系的直接聚类和基于软分类空间的 ISODATA 聚类分析法即迭代自组织分析方法。在前两类聚类方法中，计算机实现的常用方法是传递闭包法，但这种方法有许多不足之处：传递闭包法存在"传递"偏差，有时候这种偏差的影响是不能忽视的；传递闭包法生成的模糊等价矩阵采用 λ 截积进行水平分类时，其 λ 值的选取完全是人为的，选择不同的 λ 值可能产生不同的分类结果（钱夕元和邵志清，2004）。而模糊ISODATA 聚类分析法可有效消除这些不足，它有以下四个优点：一是可完成从两类直至每个样本为一类的系统聚类；二是聚类结果具有客观性，因为它与初始化分矩阵无关；三是对聚类样本包含多个指标非常合适；四是易于编写计算程序（李新运、张海峰和余锦，1995）。

设共有 m 个样本，每个样本含有 n 个指标，预定类别数为 s，$x_{ij}$ 代表无量纲化后的第 i 个样本的第 j 个指标数据，则模糊 ISODATA 的迭代计算步骤为：

（1）给定迭代误差限 e > 0（如 e = 0.0001），迭代次数初始值 r = 0，指数 t ≥ 1（如 t = 2）和初始划分矩阵为 $(u_{ki})_{s×m}$，划分矩阵应满足：

$$\sum_{k=1}^{s} u_{ki} = 1 \text{ 和 } \sum_{i=1}^{m} u_{ki} > 0$$

（2）计算聚类中心。

$$v_{kj}^{(r)} = \frac{\sum_{i=1}^{m} (u_{ki})^t x_{ij}}{\sum_{i=1}^{m} (u_{ki})^t} \quad k = 1, 2, \cdots, s; j = 1, 2, \cdots, n$$

（3）计算第 r + 1 次迭代的划分矩阵。

$$u_{ki}^{(r+1)} = \frac{1}{\sum_{l=1}^{s} \left[ \sum_{j=1}^{n} (x_{ij} - v_{kj}^{(r)}) / \sum_{j=1}^{n} (x_{ij} - v_{lj}^{(r)}) \right]^{\frac{2}{t-1}}}$$

（4）若 $\underset{ki}{Max} |u_{ki}^{r+1} - u_{ki}^{(r)}| < e$，则停止迭代，转向步骤（5）；否则转向步骤（2），继续迭代。

（5）$v_{kj}^{(r+1)}$，$u_{ki}^{(r+1)}$ 就是欲求的各类别的聚类中心和划分矩阵。若 $u_{k_0 i} = \underset{k}{Max} u_{ki}$，则第 i 样本属于第 $k_0$ 类，i = 1, 2, …, m。

利用 ISODATA 方法对广东省 21 个市采用 22 个指标进行了从 2 类到 10 类的聚类计算，其中分为 4 类的聚类效果最佳（迭代次数 = 19 次，分类系数 F = 0.9063，平均模糊熵 H = 0.078），聚类分析结果见表 2 - 4。

表 2 - 4　广东省各市经济社会发展水平聚类分析的结果

| 类别 | 项目 | 迭代结果 |
|------|------|----------|
| 1 | 聚类中心 | 0.019493　0.017957　0.025264　0.021981　6.69E - 03　0.030863　0.015466<br>0.015335　0.015542　0.021414　0.015209　0.019656　0.069336　0.0098612<br>0.012149　0.024691　0.0365　0.016714　0.054057　0.091985　0.10277<br>0.056582 |
| | 样本 | 广州、深圳、珠海 |

| 类别 | 项目 | 迭代结果 |
|---|---|---|
| 2 | 聚类中心 | 0.012394　0.0084261　0.018803　0.02079　0.0031049　0.010694　0.010242<br>0.0093136　0.013704　0.013877　0.0222　0.0093408　0.034685　0.0075566<br>0.010336　0.010567　0.0098912　0.01106　0.061141　0.076741　0.081884<br>0.046486 |
| | 样本 | 佛山、东莞、中山 |
| 3 | 聚类中心 | 0.0053455　0.0029241　0.0046015　0.0045417　2.40E-04　0.017892<br>0.0036338　0.0024756　0.0083784　0.017161　0.01424　0.0026778　0.019422<br>0.010772　0.002916　0.003104　0.0090239　0.0022487　0.026704<br>0.0216580.030263　0.010438 |
| | 样本 | 汕头、惠州、江门、肇庆 |
| 4 | 聚类中心 | 0.0030653　0.00079343　0.00079815　0.00072439　4.87E-05　0.011785<br>0.00062347　0.00060483　0.0072806　0.0037527　0.016098　0.00034513<br>0.006515　0.0025219　0.00078095　0.00084149　0.0034661　0.0013659<br>0.012099　0.0036375　0.003966　0.0024106 |
| | 样本 | 韶关、阳江、湛江、清远、潮州、河源、揭阳、云浮、梅州、汕尾、茂名 |

通过复合分析，根据综合评价值，全省21个市分为4个梯度区类（见图2－7），各区所含样本和聚类结果具有较好的一致性，这说明划分结果真实地反映了广东省各市经济发展水平的差异性。

第一梯度和第二梯度属于发达地区，包括广州、深圳、珠海、中山、佛山以及东莞，综合评价值均在49以上。第三梯度属于中等发展水平地区，包括惠州、汕头、江门以及肇庆，综合评价值介于16和26之间。第四梯度属于经济相对落后地区，包括清远、韶关、阳江、潮州、湛江、河源、汕尾、茂名、揭阳、云浮和梅州，综合评价值均低于15。

综合评价值和梯度分析表明广东省各地区经济社会发展水平存在着不同的梯度，不同区域梯度的经济差异极为明显。第一梯度、第二梯度和第三梯度中除了粤东的汕头外，全部是位于珠三角地区的城市。广东的其他地区粤西、粤北以及粤东的潮州、揭阳、汕尾分布在第四梯度。造成地区经济差异的原因是多方面的，包括地理位置、自然条件、产业结构、经济政策的倾斜

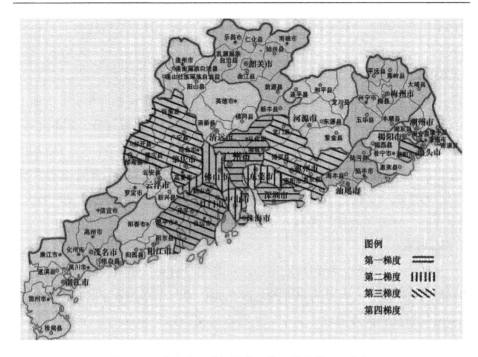

**图 2-7　广东省区域经济发展水平梯度分区示意图**

等，其中各区域发展模式的不同也是经济增长差异的一个重要原因。

**（二）区域经济发展模式**

1. 粤西

包括湛江、茂名和阳江三市。经济发展主要以大项目推动，如湛江的东兴 500 万吨炼油改扩建项目、钢铁基地以及中国华能东海岛电厂等；茂名的乙烯工程、茂石化等；阳江核电站、洛阳玻璃阳江项目等。粤西的经济发展模式类似于以大项目带动经济发展的苏州模式，不同的是粤西中小企业发展滞后、分散，不成规模，能否通过国家和地区大项目投资来带动区域经济的发展值得研究。

2. 粤北山区

包括肇庆、绍关、清远、云浮、梅州和河源六市。经济发展主要以经济开发区和旅游模式来推动，如梅州的旅游产业、河源高新技术经济开发区、清远承接珠三角产业转移的经济带等。其发展是结合自身地理优势的"特色模式"。

### 3. 珠江三角洲

包括广州、深圳、东莞、珠海、佛山、中山、江门和惠州八个市。珠三角与香港和澳门经济区是全国最大的经济带，这里具有区域优势、政策优势、传统优势、交通优势和声誉优势等。这里是大企业大项目的集合地、落户处，也是以广东四小虎——顺德、南海、中山、东莞为代表的民营中小企业发展最好的地区之一。这里不仅是大企业转移的目的地，也是中小企业发展壮大、寻求飞跃、突破"瓶颈"的根基。

### 4. 粤东

包括汕头、潮州、揭阳和汕尾四市。其中，汕头、潮州、揭阳三市统称为潮汕地区。这是一个具有悠久的经商文化，盛产民营企业家的地方。最近几年的胡润富豪排行榜前十名中，总会出现来自这个地区的企业家的名字。2000年以来，在国家政策的"冷落"以及被广东经济边缘化双重打击下，这里的中小企业发展显得更自立、更有生命力，潮汕经济还是保持稳定的发展态势。这与民营中小企业地理发展为代表的温州经济发展模式和台州经济发展模式极为相似。

比较上面四个区域的经济发展模式，粤西有国家大项目的支持、粤北山区地带拥有区域资源优势、珠三角拥有政策、区域、规模、声誉等优势。潮汕以中小企业地理集聚的发展模式为主导，为地区经济发展也为珠三角培育大企业奠定基础。另外，在广东省科技创新和专利申报等排行中，粤东中心城市汕头一直都名列前茅，这也是潮汕中小企业地理集聚不断发展壮大的表现。

## 二、潮汕中小企业地理集聚发展模式

处于粤东地区的潮汕，中小企业发展可谓广东最活跃的地区之一。而缺乏大企业、大集团和著名高校和科研机构等支撑的中小企业，主要通过在地域上的集聚以达到互惠资源与信息，互相"照应"以营造对区域外竞争优势。在潮汕地区，中小企业的集聚主要包括汕头的潮阳潮南花边内衣行业集群、澄海玩具行业集群和金平包装印刷行业集群；潮州的彩塘不锈钢行业集群、庵埠凉果食品行业集群和枫溪陶瓷行业集群；揭阳炮台地都石材行业集群和阳美玉器行业集群；汕尾的鹅埠鞋业集群、梅陇首饰加工业集群、海城食品行业集群、城东毛织业集群和碣石工艺业集群等。这十几个中小企业集群大多都是传统产业集群，为受技术冲击较为严重的传统行业。所以，在地理上的集聚和互惠，进行技术创新是这些行业的中小企业生存与发展的保障。

# 第三节　中小企业地理集聚是潮汕区域创新和经济发展的原动力

在广东省，中小企业地理集聚又有另外一个名称——专业镇，王珺（2000）认为专业镇经济就是指建立在一种或两三种产品的专业化生产优势基础上的乡镇经济。这其实是更强调地域性在广东地区形成中小企业地理集聚的作用。所以本书认为"专业镇"也是中小企业地理集聚的现象。

吴国林（2006）[①]通过采用比较合理的专业镇技术创新能力指标体系，运用了创新能力的科学评价方法，对广东各地级市的专业镇技术创新能力进行了实证分析。从表2-5可以清楚看到，潮汕的主要城市汕头和潮州不管是在技术创新投入能力、实施能力、实现能力还是综合能力都位于广东省的前列——分别是第5位和第6位（如表2-6所示），仅落后于珠三角的佛山、东莞、中山和江门四市，而相比粤西、粤北和珠三角其他城市的专业镇创新能力优势明显。

---

① 吴国林. 广东专业镇：中小企业集群的技术创新与生态化 [M]. 北京：人民出版社，2006：260-283.

表2-5 广东省专业镇技术创新能力的原始测度值（前8名）

| 专业镇所<br>在的城市 | 技术创新<br>投入能力 | 技术创新<br>实施能力 | 技术创新<br>实现能力 | 技术创新能力<br>综合值 |
|---|---|---|---|---|
| 佛山 | 27.69 | 40.10 | 16.88 | 84.68 |
| 东莞 | 15.61 | 22.16 | 11.42 | 49.18 |
| 中山 | 8.02 | 19.05 | 7.93 | 35.00 |
| 江门 | 10.76 | 15.52 | 5.12 | 31.40 |
| 汕头 | 3.02 | 20.04 | 3.85 | 26.91 |
| 潮州 | 2.25 | 11.08 | 2.69 | 16.01 |
| 珠海 | 0.57 | 12.52 | 0.36 | 13.47 |
| 湛江 | 2.70 | 9.21 | 0.76 | 12.67 |

资料来源：吴国林. 广东专业镇：中小企业集群的技术创新与生态化 [M]. 北京：人民出版社，2006：260-283.

广东省专业镇技术创新能力、城市经济实力和创新能力排名如表2-6与表2-7所示。可见看出：除了广州和深圳创新能力不是来源于中小企业地理集聚外，其他的地级市的创新能力和经济实力都与专业镇（中小企业地理集聚）的技术创新能力密切相关。也就是说，一个地区或城市专业镇技术创新的发展程度在一定程度上决定了这个地区或城市的综合创新能力和综合经济实力。潮汕的主要城市汕头和潮州的综合创新能力和综合经济实力位于全省各市前列，得益于企业地理集聚的不断形成和发展。

表2-6 广东省专业镇技术创新能力排序（前8名）

| 专业镇所在城市 | 创新总指数标准分 | 排名次序 |
|---|---|---|
| 佛山 | 92.12 | 1 |
| 东莞 | 75.17 | 2 |
| 中山 | 68.40 | 3 |
| 江门 | 66.68 | 4 |
| 汕头 | 64.54 | 5 |
| 潮州 | 59.33 | 6 |

续表

| 专业镇所在城市 | 创新总指数标准分 | 排名次序 |
|---|---|---|
| 珠海 | 58.12 | 7 |
| 湛江 | 57.74 | 8 |

资料来源：吴国林. 广东专业镇：中小企业集群的技术创新与生态化 [M]. 北京：人民出版社，2006：260-283.

表 2-7 2007 年广东省城市经济实力和创新能力排名（前 12 名）

| 城市 | 创新能力排名 | 综合经济实力排名 |
|---|---|---|
| 广州 | 1 | 1 |
| 深圳 | 2 | 2 |
| 佛山 | 4 | 3 |
| 东莞 | 3 | 4 |
| 珠海 | 6 | 5 |
| 江门 | 5 | 6 |
| 惠州 | 10 | 7 |
| 汕头 | 7 | 8 |
| 茂名 | 13 | 9 |
| 肇庆 | 8 | 10 |
| 湛江 | 9 | 11 |
| 潮州 | 11 | 12 |

资料来源：http://zhidao.baidu.com/question/2970410.html。

# 本章小结

首先，本章分析了潮汕中小企业地理集聚形成的原因。其次，比较了广东四个区域经济发展的不同模式，并说明潮汕中小企业地理集聚的发展模式对潮汕经济发展的重要性。最后，分析了这种重要性如何体现在创新能力上。那么，潮汕中小企业的创新能力是怎么形成的，具体是怎样的一种创新机制，它的形成受哪些因素制约呢？这些都是本书需要回答的问题。

对于本书研究样本的选择，最终确定三个企业集群进行问卷调查和深度访谈，汕头金平包装印刷行业、汕头花边内衣行业和潮州彩塘不锈钢行业。因为，潮汕地区 8 个较大规模企业集群中，其他 5 个集群没能进入本研究样本的原因为：揭阳阳美玉器行业性质与潮州彩塘不锈钢行业类似，揭阳石材行业是资源禀赋型行业，汕头澄海玩具行业、潮州腌制品行业和潮州陶瓷行业的调查资源稀缺。

# 第三章　文献综述

社会资本论认为企业外部网络是一个拥有潜在、静态的有用信息和资源的仓库，企业或组织与外部网络成员（顾客、供应商和行业协会等）合作的目的就是获取这个仓库中有利于企业生产和销售的有用信息和资源（Uzzi，1996）[①]。所以，全面分析和探讨企业网络的含义、类型、特征以及相关的研究理论是非常必要的。

## 第一节　企业外部网络的相关研究

什么是企业外部网络？与企业外部网络相关的理论有哪些？企业外部网络对企业获取创新绩效有何作用？吸收能力在之间是否起作用？起何作用？针对这些问题，国内外学者进行了大量的理论探索和实证研究。

### 一、企业网络的含义

网络（Network）的概念可以延伸到人与人之间、组织与组织之间和企业

---

[①]　Uzzi, B. . The Sources and Consequences of Embeddedness for the Economic Performance of Organizations [J]. American Sociology Revies, 1996, 61（1）: 674 –698.

与企业之间的关系，形成了人际关系网络（Burt，1982；Granovetter，1985）、①②组织间网络和企业网络。在现实经济生活中，企业网络呈现出多种形式，而且展示出越来越强的生命力。例如各种各样的产业集群、战略联盟、虚拟企业和集团内部各个部门之间形成的内部网络。不过，越来越多的企业采用企业间协调（企业网络）的方式来组织交易和生产活动。

大部分学者认为，企业网络是一种介于市场和科层制之间的组织形式（Thorelli，1986），③是市场和企业之外的第三种资源配置方式（Powell，1990；Thompson，2002），④⑤管理者和企业家通过它在激烈的竞争中确立企业的地位（Jarillo，1988）。⑥对于企业网络的研究成果很多，不同的学者根据所研究的角度和范围不同，对企业网络也有不尽相同的定义，其中比较有代表性的有以下四种：

（一）企业网络是一种新的组织形式

Williamson（1975）⑦指出：在市场与企业相互替代的过程中，两种组织也在相互交融、相互结合，产生了一种介于两者之间新的经济活动制度。这种新的组织形式便是后来所说的企业网络。随后，Powell（1987）⑧进行了论证性研究，认为企业网络是"介于市场与层级统治间的一种混合的交易形

---

① Burt, R. S.. Toward a Structural Theory of Action: Network Models of Social Structure, Perception and Action [M]. New York: Academic Press, 1982: 126 – 135.

② Granovetter, M. A.. Economic Action and Social Structure: The Problem of Embeddedness [J]. American Journal of Sociology, 1985, 91 (1): 481 – 510.

③ Thorelli, H. B.. Networks: Between Markets and Hierarchies [J]. Strategic Management Journal, 1986, 7 (1): 37 – 51.

④⑧ Powell, W. W.. Neither Market nor Hierarchy: Network Forms of Organizing. IN: B. Staw & L. L., Cummings, Research in organizational behavior. Greenwich, CT: JAI, 1990: 295 – 336.

⑤ Thompson, E. R.. Clustering of Foreign Direct Investment and Enhanced Technology Transfer: Evidence from Hong Kong Garment firms in China [J]. World Development, 2002, 39 (1): 873 – 889.

⑥ Jarillo, J. C.. On the Strategic Networks [J]. Strategic Management Journal, 1998 (9): 31 – 41.

⑦ Williamson, O. E.. Markets and Hierarchies: Analysis and Antitrust Implications [M]. New York: Free Press, 1975.

式"。同样，Thorelli（1984）[①]也给出了相似的定义："企业网络是具有长期关系的两个或两个以上的组织，组织间所建立的关系既非透过市场机能的交易关系，也不是在同一正式组织结构下之官僚阶层关系，而是介于两者之间。"后来对企业网络进行研究的大部分学者都接受了这种观点和定义。

（二）企业网络是长期互惠合作的关系

这种是比较广泛定义方式，特别是有关企业网络的实证研究中。是指包含组织间所有的互动互惠关系的集合，每一个业务关系发生在被称为集体行动者的企业之间（Larson，1992；Anderson，1994）。[②③]从组织间关系角度看，Jarillo（1988）[④]认为："企业网络是组织间所形成的长期关系，且网络的联结是有目的的结合，使网络内成员相对于外部的成员能拥有其自身的竞争优势。"Johanson 和 Mattsson（1988）[⑤]从产业网络角度给出了定义："认为企业网络是由一群从事制造、销售以及使用产品及服务的产商所组成。"而对于企业之间的联系，具体是指一批具有相互联系的企业和机构在某些地理区域的集中或若干独立的企业为了快速响应市场变化，以 IT 技术相连接，共享技术、市场信息，共同承担成本的企业共同体（慕继丰和冯宗宪，2001）。[⑥]这种共同体的每个伙伴贡献自己在设计、制造、技术或市场等方面的专长，以便在短时间内获得收益。从分工角度看，企业网络是中小企业互补式生产分工，大量规模差异不大的中小企业相互分工，各自占据产品生产链中一个结

① Thorelli, H. B. . Networks: Between Markets and Hierarchies [J]. Strategic Management Journal, 1986, 7 (1): 37 –51.

② Larson, R. & Bengtsson, L. . The Inter – organization Learning Dilemma: Collective Knowledge Development in Strategic Alliances [J]. Organization Science, 1998, 11 (9): 283 –305.

③ Anderson, A. R. & Miller, C. J. . "Class Matters" Human and Social Capital in the Entrepreneurial Process [J]. Journal of Socio – Economics, 1994, 32 (1): 17 –36.

④ Jarillo, J. C. . On the Strategic Networks [J]. Strategic Management Journal, 1998 (9): 31 –41.

⑤ Johanson, J. & L. G. . Mattsson, Inter – organization in Industrial System – a Network Approach, in Strategies in Global Competition: Selected Paper from the Prince [D]. Edited by N. Hood and J. E. Vahlne, Croom Helm, New York, 1998.

⑥ 慕继丰，冯宗宪. 基于企业网络的经济和区域发展理论 [J]. 外国经济与管理，2001, 23 (3): 26 –29.

点，相互依存、共生发展（王红梅和邱成利，2002）。[①] Uzzi（1997）[②]改用嵌入关系来定义企业网络，认为企业网络是两个个体之间有着紧密或特别的关系，与市场交易型彼此之间没有紧密关系是有区别的。

（三）企业网络是一种增值的社会资本

Coleman（1988）[③]认为，企业网络是企业社会资本的重要部分，它通过人际关系建立起来并增加相应的人力资本。Foss（1993）[④]认为企业网络是指特定个人之间比较持久的、稳定的社会关系模式。而产生这种社会资本的联系可以在个体层次与组织层次产生，尽管它们常常主要归因于相关的个体行为者（Davidson，1981）。[⑤]这些联系可能是直接的也可能是间接的，它们的强度可能发生变化，并且产生关于联合或连接的社会资本网络类型。根据 Betti（1995）认为社会资本是真实或者虚拟资源的总和的观点，资源基础理论学者认为，企业网络可以当作一种资本，即企业的社会资本。我国学者唐翌（2003）[⑥]也有同样看法，他认为："社会资本就是社会网络，企业资本就是企业网络"，只不过一种表现为资本，一种表现为网络的形式。

（四）企业网络是一种嵌入关系

不同的分析角度造成对企业网络的不同理解。例如，罗仲伟（2000）[⑦]认为："网络是以专业化联合的资产、共享的过程和共同的集体目标为基本特

---

① 王红梅，邱成利. 技术创新过程中多主体合作的重要性分析及启示 [J]. 中国软科学，2002（3）：76 - 79.

② Uzzi, B.. Social Structure and Competition in Inter - firm Networks: The Paradox of Embeddedness [J]. Administrative Science Quarterly, 1997, 42（1）: 35 - 67.

③ Coleman, J. S.. Social Capital in the Creation of Human Capital [J]. American Journal of Sociology, 1998, 94（1）: 95 - 121.

④ Foss, N. J.. The Theory of the Firm: Contractual and Competence Perspectives [J]. Journal of Evolutionary Economics, 1993（3）: 127 - 144.

⑤ Davidson, B.. European Farming in Australia [M]. Amsterdam: Elsevier Scientific Publishing Company, 1981.

⑥ 唐翌. 社会网络特性对社会资本价值实现的影响 [J]. 经济科学，2003（3）：115 - 122.

⑦ 罗仲伟. 网络组织的特性及其经济学分析 [J]. 外国经济与管理，2000（6）：25 - 28.

征的组织管理方式。"陈守明（2002）①把企业网络定义为"由一组自主独立而又相互关联的企业，依据专业化分工和协作建立起来的，一种具有长期性的、有指向的，既包括企业间的又包括企业内的组织联合体"。Grandori（1997）②也给出相似的定义："企业网络为一种节点之间保持一定程度持续联系的模式，网络中的节点代表不同的组织单元，这些单元可以是各个企业或企业内的分支机构（部门或者附属机构）。"从关系链条的角度，企业网络可以看成是连接集群内企业的技术链、亲友关系链、信息传递链、项目合作链、加工链、人员流动链和资本链（池仁勇，2007），③而这些链还有强弱之分。

## 二、企业网络的相关理论

对于企业网络的研究，社会学最早注意到网络现象，也最早开始了相关研究。逐步地，经济学、组织理论、产业理论等领域也开始注意并进行了企业网络的相关研究。首先是就企业网络形成原因探讨，由形成原因从社会学、经济学和组织理论等方面进行具体分析；其次是对企业网络划分进行探讨；最后归纳出衡量企业网络关系和结构特征的指标，并得出本研究衡量企业外部网络指标的条目。

### （一）企业网络形成的原因

网络形成的原因很多，许多学者提出不同的观点。有的学者认为网络是一种突然出现的现象。有的学者提出网络是由组织演化而来，是因环境的变化而呈现出来的一种合作关系。Williamson（1985）④从节约交易费用的角度

---

① 陈守明. 现代企业网络 [M]. 上海：上海人民出版社，2002：1-126.

② Grandori, A.. Governance Structures, Coordination Mechanisms and Cognitive Models [J]. Journal of Management and Governance, 1997 (1)：29-47.

③ 池仁勇. 区域中小企业创新网络的结点联结及其效率评价研究 [J]. 管理世界，2007 (1)：105-112.

④ Williamson, O. E.. The Economic Institutions of Capitalism：Firms, Markets and Relational-contracting [M]. New York：Free Press, 1985.

提出了企业网络。随后，Jarillo（1988）①结合价值链理论与交易成本理论对网络怎样提高企业效率进行了分析。Gulati（1999）②也同样认为"网络资源"是具有特质性和价值产生的过程依赖性，它允许网络组织成员对其进行使用和开发，而竞争对手却难以模仿或替代，企业的长期竞争优势来自企业所拥有和控制的难以模仿、难以交易的特殊资源和战略资产。总之，企业的经济本质是围绕关键性资源而生成的专用性投资的网络。

Pfeffer 和 Salancik（1978）③以资源依赖的观点来看组织间的互动，认为在资源有限的情况下，组织必须与外界环境建立联结关系，以取得所需资源。Johnson 和 Mattsson（1987）④与 Baranson（1990）⑤都强调企业彼此之间的依赖关系，是形成网络的主要原因，可以使得不同组织进行稀缺资产的互补。

网络有利于互惠。互惠强调合作、同步与协调以追求相对利益。互惠强调组织间的合作、联合与协调，有长期联系的期望（Powell，1990），⑥而不是命令、权利与控制（Baum et al.，1991）。⑦而且，组织间相互建立关系是为了回应环境的不确定性（Stuart，2000）。⑧另外，由于资源的不足以及缺乏对环境变动的充足了解，会引起企业对环境不确定性的恐慌，会给企业带来危机和风险，而这促使企业间发生联结，以保持稳定性、可测性并共同分担风

---

① Jarillo, J. C.. On the Strategic Networks [J]. Strategic Management Journal, 1998 (9): 31 –41.

② Gulati, R. Alliances & Networks. [J]. Strategic Management Journal, 1998, 19 (1): 293 –317.

③ Pfeffer, J. & Salancik, G. R.. The External Control of Organization: A Resource Dependence Perspective [M]. New York Harper & Row, 1978.

④ Johnson, J. & Mattsson, L. G.. Inter – organizational Relations in Industrial Systems: A Network Approach Compared with the Transaction – cost Approach [J]. Int. Studies of Mgt. & Org, 1987, 17 (1): 34 –48.

⑤ Baranson, J.. Transactional Strategic Alliances Why, What, Where and How [J]. Multinational Business, 1990 (2): 54 –61.

⑥ Powell, W. W.. Neither Market nor Hierarchy: Network Forms of Organizing. IN: B. Staw & L. L., Cummings, Research in Organizational Behavior. Greenwich, CT: JAI, 1990: 295 –336.

⑦ Baum, J. A. C.. Calabrese, T. and Silverman, B. S.. Don' t Go it Alone: Alliance Network Composition and Startups Performance in Canadian biotechnology [J]. Strategic Management Journal, 1991 (21): 267 –294.

⑧ Stuart, T. E.. Inter – organizational Alliances and the Performance of Firms: A Study of Growth and Innovation Rates in a High – Technology Industry [J]. Strategic Management Journal, 2000 (21): 791 –811.

险，联盟可以提高企业的生存率（张世勳，2002）。[1]

（二）企业网络的主要理论观点

企业网络的理论观点主要集中在社会学、经济学和组织理论的分析，具体来说，主要是以下几方面：嵌入性理论、结构空洞理论、交易成本理论和其他相关理论研究。

1. 企业网络的嵌入性理论及网络中的强弱联系

嵌入性是企业网络的一个重要特征。嵌入性概念最早由经济史学家 Polanyi 提出，他认为："人类嵌入于经济与非经济的制度之中。"Granovetter（1985）[2]认为："一切经济活动都是嵌入于社会关系之中的。"随后，Uzzi（1997）[3]把嵌入性分为三个维度——信任、优质信息和共同解决问题。

企业形成网络便可以从网络中获取有用的信息。那么获取信息收益的网络机制有两种：一种源于关系嵌入（Relational Embeddedness），另一种源于结构嵌入（Structural Embeddedness）。前者认为行动者可以通过网络中结点间的相互联系纽带来获取信息。后者认为，网络中不同结点由于位置不同会产生信息优势的差异，处于中心位置的结点会获得更多的信息和资源控制优势。Burt（1992）[4]认为，具有结构优势的结点拥有更好的信息来源。不仅把嵌入性放到制度架构中去考虑，而且放到人际关系网络的背景下去考虑，接着他把人际关系网络分为两类：强关系和弱关系。而衡量强弱关系的几个指标中较重要的是互动的频率，也就是经常互动的频率高的关系是强关系，偶尔联系的互动的频率低的关系是弱关系。特别是直到他发表了《弱关系的强度》（The Strength of Weak Ties）一文时，弱关系才受到了重视，他通过研究

---

① 张世勳. 地理群聚内厂商之网络关系对其竞争力影响之研究 [D]. 中国台湾朝阳科技大学硕士学位论文, 2002 (4).

② Granovetter, M. A.. Economic Action and Social Structure: The Problem of Embeddedness [J]. American Journal of Sociology, 1985, 91 (1): 481 – 510.

③ Uzzi, B.. Social Structure and Competition in Inter – firm Networks: The Paradox of Embeddedness [J]. Administrative Science Quarterly, 1997, 42 (1): 35 – 67.

④ Burt, R. S.. Structural Holes: The Social Structure of Competition [M]. Cambridge, MA: Harvard University Press, 1992.

还发现在网络中，主要是弱关系在发挥作用，因为强关系通常传递同质性的信息（这种信息网络中每个成员都可以获得），而弱关系通常是给予异质性的信息（这种是稀缺重要的信息），这样会导致获得信息的价值不同，是企业获取资源的重要渠道。但事实上资源并不一定总是或总能在弱联结中获得，强联结往往是企业与外界发生联系的基础与出发点。同时，强联结包含着某种信任、合作与稳定的关系，而且较易获得，弱联结则总是与不稳定、风险和投机联系在一起，也较难获得（姚小涛，2003）。①所以许多通过对不同地区不同文化的嵌入性调查研究得出了与 Granovetter 不同的结论，他们认为强联系作用比弱联系作用更大（Bian，1997；Gulati，1998）。②③ 按照他们的观点，这可能是因为在不同制度背景下，不同的网络结构发挥不同的作用。

尽管对于强弱联系的界定和判断目前学术界还没有一致的看法，但 Granovetter（1985）④ 提出的网络弱联系假设仍然是分析资源获得的一个角度，弱联系（尤其是疏远而且不经常的相互作用）更可能是创新信息的源泉，因为强联系往往与其他联系进行连接，而这些强联系是一个知识搜寻者非常接近的，而且已经知道了交换中的信息。当前对集群企业网络强、弱联系的研究，主要讨论集群网络的强、弱联系与不同类型的资源获取之间的关系。Hansen（1999）⑤认为："弱联系不仅能够作为发现工作的工具，而且可以作为思想、技术和建议扩散的工具。"Elfring 和 Hulsink（2002）⑥通过研究集群企业网络内部强联系和弱联系对于知识创造和扩散的影响，发现强联系

---

① 姚小涛. 社会网络理论及其在企业研究中的应用 [J]. 西安交通大学学报，2003，3（23）：22 – 23.

② Bian, Y. J.. Bringing Strong Ties Back in Indirect Ties, Network Bridges, and Job Searches in China [J]. American Sociological Review, 1997, 62 (3): 64 – 87.

③ Gulati, R.. Alliances & Networks [J]. Strategic Management Journal, 1998, 19 (1): 293 – 317.

④ Granovetter, M. A.. Economic Action and Social Structure: The Problem of Embeddedness [J]. American Journal of Sociology, 1985, 91 (1): 481 – 510.

⑤ Hansen, M. T.. The Search – transfer Problem: The Role of Weak Ties in Sharing Knowledge Across Organization Subunits [J]. Administrative Science Quarterly, 1999, 44 (1): 82 – 112.

⑥ Elfring, Y. & Hulsink, W.. Networks in Entrepreneurship: The Case of High – technology Firms [J]. Small Business Economics, 2003, 21 (4): 409 – 422.

有利于隐性知识的交流，而弱联系则更有利于显性知识的交流。Nunzia（2004）①研究发现，如果企业仅仅拥有强联系和弱联系中的一种，无论企业处于何种网络之中，都不可能取得很强的市场地位，必须寻求强、弱联系之间的平衡。Tracey（2003）②分别从资源获取和创新的角度出发，来分析探讨怎么样保持强、弱联系合理的获取和创新幅度。因此，不同的强、弱联系结合的网络结构适合具有不同创新幅度、不同市场形态、不同企业集群和不同行业集群的企业网络。郭劲光和高静美（2003）③认为强联结与弱联结都对企业获取信息与资源非常重要，并称为嵌入悖论。

2. 企业网络的结构空洞理论

同样的条件，不同的安排，带来的收益是不尽相同的，这便是"结构"的不同安排带来的差异。上面所说的关系嵌入引出了强弱联系的讨论，而结构空洞便是由结构嵌入来解释和分析的。Bourdieu（1984）④为代表的社会资本观点认为："企业成长中要获取更大的资源，一个重要思路就是从稀疏地带向稠密地带移动。"随后得到了 Coleman（1988）⑤的支持，他认为："网络的密度代表了网络中社会资本存量的大小，网络密度越高说明网络中的社会资本存量越大，也就是说行动者间保持了很大的社会资本量，因此将有助于行动者间信任机制的形成和协作关系的维系。"与此相反，Burt（1992）⑥提出了"结构空洞"观点，他认为："一个网络中最有可能给组织带来竞争优势的位置处于关系稠密地带之间而不是之内，这种关系稠密地带之间的稀疏地带为结构空洞。"该观点认为，分散的、低密度的网络更有利于行动者获

---

① Nunzia, C. . Innovation Processes within Geographical Clusters: A Cognitive Approach [J]. Technovation, 2004 (1): 23 –41.

② Tracey, P. A. . Networks and Competitive Strategy: Rethinking Clusters of Innovation [J]. Growth and Change, 2003 (1): 52 –74.

③ 郭劲光，高静美. 网络、资源与竞争优势：一个企业社会学视角下的观点 [J]. 中国工业经济，2006 (3): 79 –86.

④ Bourdieu, P. . Distintion [M]. London Rout – ledge and Kegan Paul, 1984: 231 –456.

⑤ Coleman, J. S. . Social Capital in the Creation of Human Capital [J]. American Journal of Sociology, 1998, 94 (1): 95 –121.

⑥ Burt, R. S. . Structural Holes: The Social Structure of Competition [M]. Cambridge, MA: Harvard University Press, 1992.

得异质性的信息和发展机会。因为，在高密度网络中信息的同质性可能性更大，行动者增加的接触很多会是多余的，也就是说，增加的接触没有带来更多的信息，因此密度的增加就失去了实际的意义。不仅如此，行动者还必须为增加的接触付出代价，因为他们不得不为扩大的接触投入时间和精力。

因此，结构空洞指的就是两个接触间非多余的关系。多余关系指的是本来就有一种"强关系"联系，而非多余在某种意义上是指"断开"，直接的意义上是指没有直接联系，在间接的意义上是指有着排他性的联系。非多余关系大多数都是"弱关系"联系，判断它有两个标准：凝聚程度（非多余联系是一种不经常接触的关系）和结构标准（非多余联系的双方应该是结构不对等的，即双方与外界的接触所构成的集合不完全相同）。结构空洞带来两种利益：信息利益和控制利益。当两个人与同一个人相接触时，就说这两个人是结构对等的。当存在结构对等时，他们接触所得到的信息就是相同的，所以无法得到结构空洞效益。

3. 企业网络的交易成本理论

自从科斯在 1972 年提出交易成本理论以来，许多经济学家一直在探索企业的边界到底在什么地方，纯粹的市场治理和企业的科层治理结构到底哪一个效率更高。而在企业的内部与外部之间是可以有中间环节的，也就是所在"市场"与"科层知组织"之间是有着能节约交易费用的手段的中间性结构的（Williamson，1975）。①也就是说，在企业与市场相互替代的过程中，两种组织也在相互交融、相互结合，产生了一种介于两者之间新的经济活动制度——企业网络。企业网络可以减少企业的交易费用，是企业获取信息、资源、社会支持以便识别与利用机会的机会结构。20 世纪 80 年代开始，网络观念越来越多地运用到战略管理和企业中，对企业网络的研究文献大量出现，经济学家们开始广泛运用网络理论对企业家行为和中小企业进行研究

---

① Williamson, O. E.. Markets and Hierarchies：Analysis and Antitrust Implications［M］. New York：Free Press, 1975.

（Thorelli，1986；Jarillo，1988）。[1][2]

### 4. 企业网络的其他相关研究

当前有关企业网络的研究分析大部分都偏向于解释企业网络的结构形成和变化过程，而 Watts 和 Strogatz（1998）[3]提出的 W－S 小世界网络模型则更倾向于解释现有网络中存在的各种关系。它是根据 Milgram 在 20 世纪 60 年代的实验推导，得出世界上任意两个人都可以平均通过六个熟人产生联系——"六等分离"现象的结论，指出小世界网络既具有信息传递速度快、路径短的特征，又具有较高聚集程度。[4]在商业世界中，小世界特征也广泛存在，对于解释企业内部的结构和关系方面具有广泛的适用性。

信息经济学里面提到的逆向选择和道德风险是存在于企业网络中的一个很大的问题。逆向选择行为主要表现为合作合同签订之前为了取得参加资格而夸大自己的能力，合约实施后却又因为能力不足而导致整个企业网络合作任务的失败。道德风险和逆向选择有所不同，是假定企业有参与特定企业网络合作所需要的能力，但是由于对产品或者服务的检查评估有很大的难度，企业在主观上有意降低其生产的产品或者提供服务的质量，从而降低自己的生产成本，获得更高利润，却把整个网络推向失败。所以，企业网络合作稳定一直受到理论研究人员和实务操作者的怀疑，这也是企业网络这种形式的生命力和未来前景受到的最大挑战（陈守明，2002）。[5]

## 三、企业网络的类型

目前学术界对企业网络如何分类还没有统一的观点。同对企业网络进行

---

①　Thorelli, H. B.. Networks: Between Markets and Hierarchies [J]. Strategic Management Journal, 1986, 7 (1): 37 - 51.

②　Jarillo, J. C.. On the Strategic Networks [J]. Strategic Management Journal, 1998 (9): 31 - 41.

③　Watts, D. J. & Strogatz, S. H.. Collective Dynamics of "Small World" Network. [J]. Nature, 1998, 393 (6): 440 - 442.

④　转引自稽登科. 企业网络对企业技术创新绩效的影响研究 [D]. 浙江大学硕士学位论文, 2006 (4).

⑤　陈守明. 现代企业网络 [M]. 上海：上海人民出版社, 2002：1 - 126.

定义一样，根据不同的研究对象和研究范围，企业网络也有不同的分类。

（一）从出现的时间顺序来看

（1）企业集团内部构成的企业网络。它是指跨国大企业内部各部门各组织所进行的联系和交流形成的网络。企业集团内部网络和企业外部网络是无异的，它们都是追求信息、经营和管理的方式，并不断积累自己的创新成果。

（2）特许经营企业和连锁经营企业之间构成的企业网络。它是比较容易理解的概念，也叫作贴牌经营。

（3）战略联盟。战略联盟指的是企业间为了共同的战略目标达成的长期合作安排，也可以说是企业之间出于长远生存和发展的考虑，通过合资联营或协议形成的一种松散的组织，其目的是共享市场、有时互补、分担成本、降低风险、增强各自的竞争力和达到多方共赢。既包括从事类似活动的企业间联合，也包括从事互补性活动的企业间的合作；既可以采取股权合资的形式，也可以采取非股权合资的形式；既可以是强强联合，也可以是强弱联合。20 世纪 70 年代，企业间的战略联盟大规模兴起。在通信设备、金融服务、汽车、航天、制药以及软件等行业，战略联盟已经成为企业用来增强竞争力的主要手段，特别到了 80 年代后期，技术联盟更是成为了欧美厂商之间竞争的主要潮流。

（4）虚拟企业。它是指为了响应敏捷生产，由来自不同企业或分属不同企业的人们组成的、相互独立、互不影响地分担整个项目的一个或者多个子任务，彼此间密切交流、相互合作和协调的集团（魏江，2003）。[①]

（5）多层次下包或者外包式。也就是本书经常见到的 OEM（Original Equipment Manufacturing）式的网络化经营。它所指的是将某些生产环节从原来一体化企业中分离出来的生产方式。大家熟知的耐克公司，本身只有一家小工厂，97% 的产品加工业务都是外包给中国台湾、东南亚等地区的工厂来生产，也就是所谓的"去掉四肢，留下大脑"做法。

（6）企业集群。企业集群在某种程度上也叫产业集群，是产业的空间集

---

① 魏江．产业集群——创新系统与技术学习 [M]．北京：科学出版社，2003：44－50．

聚现象。企业集群是根据专业化分工和协作关系建立起来的在某一地理空间高度集中而形成的产业组织形式。特定产业的企业之所以在某个地区集聚以至于产生企业集群，是由企业面临的市场竞争环境决定的。集群内部各企业分别进行专业化生产，可以获得专业化的雇员和供应商的支持，快速交换和积累专业化信息、技术和管理知识，实现较高的生产率。Porter（1998）[①]这样描述集群："它们包括零部件、机器和服务等专业化投入供应商和专业化基础设施提供者。"

（二）从网络合作的对象来看

（1）垂直型的企业网络。它是指与中小企业形成上游关系的供应商以及与下游关系客户之间的合作网络。

（2）水平型的企业网络。它是指与中小企业与大学、研究机构、政府、行业协会、其他相关企业或者同行企业之间形成的网络。

（3）混合型企业网络。它是指同时包括垂直与水平关系的合作网络。

另外，Lee 等人（2001）[②]把企业外部网络分为双边关系的伙伴型联结网络（包括其他企业、供应商、顾客、大学科研机构和行业协会等）；单边关系的资助型联结网络（政府和其他组织、供应商等）。

根据不同的研究对象和不同的地区，对网络合作的对象分类是不同的。本研究认为伙伴关系不是一种简单的双向的关系（Lee et al.，2001），是从关系的性质和联系的强弱程度来考虑的。把外部网络分为：伙伴型网络（Partnership – based Network），是指与企业来往对象中的上游企业、下游企业、同行企业和其他相关企业所构成的网络联结；资助关系网络（Sponsor-ship – based Network），是指与企业来往对象中的政府部门、行业协会、大学等科研机构和银行等金融机构所构成的网络联结。

① Porter, M. E.. Clusters and the New Economics of Competition [J]. Harvard Business Review, 1998, 76（6）：77 – 90.

② Lee, C. & Lee, K.. Internal Capabilities, External Networks, and Performance: A Study on Technology-based Ventures [J]. Strategic Management Journal, 2001, 22（1）：615 – 640.

（三）从网络作用机理来看

企业网络可以分为正式与非正式网络（Granovetter，1973；孙启贵等，2006）。[1][2]

（1）正式网络。它是指企业与其他组织之间通过协议或者正规合法文件形成的联系，也是企业选择性地与其他企业或机构所结成的持久的稳定关系，如战略联盟、合资企业以及和供应商、客商的垂直联系等。

（2）非正式网络。它是指行为主体在长期交易中所发生的非正式交流和接触所形成的网络。参与者个人的信仰、价值观、教育背景和社会地位等方面的相似程度影响到参与者之间的紧密程度，参与者在这种个性化背景下越相似，其联系也就越紧密。

（四）从网络中各节点联系和交流的程度来看

它是指处于企业网络中各行为主体［包括企业、大学和科研机构、政府部门、行业协会、金融机构（银行）、上下游企业和同行企业等］之间的相互联系、相互作用形成的网络联系。从某种程度上说，这种网络关系的紧密程度可以作为衡量网络强、弱联系的重要标志。因此，从网络关系的紧密程度来看，可以把企业网络分为紧密联系网络和松散联系网络。紧密联系网络是指网络中各节点处于广泛和经常联系的状态。松散联系网络是指网络中各节点偶尔或者从来不联系，而如果各节点存在着持续不联系的情况，则两个节点间的关系就会中断，那么，这个节点就会脱离这个网络关系。

（五）从企业网络的维度划分来看

（1）动力维度。它是指由企业自主的动机为主还是由政府的外部推力为主来组成的网络。

（2）合作区域维度。它是指在创新前期合作，还是在创新后期合作。

---

① Granovetter, M. A.. The Strength of Weak Ties [J]. American Journal of Sociology, 1973: 78.
② 孙启贵. 破坏性创新的概念界定与模型构建 [J]. 科技管理研究, 2006 (8): 175 - 178.

（3）联系维度。它是指企业网络中企业的外部联系网络还是内部联系网络。

（4）关系和位置（结构）维度（Burt，1982）。[1]前者用来分析节点之间的关系密度，后者主要分析节点之间的关系模式，即用来界定每个节点在网络中的位置。后来，Granovetter（1985）[2]引入嵌入性概念，并将其分为关系嵌入和结构嵌入两种。

（5）目的维度。它是把企业网络分为科研网络、政治网络、专业性网络、金融网络和企业间关系网络五个维度。

## 四、企业网络的关系与结构特征

Freeman（1979）[3]提出了三种衡量网络特征的方式来定义并描述网络的中心性，也就是企业在网络中所处的位置。①程度性（Degree）：是计算与其相邻联结的数目，假定可以选择的联结数目越多企业权利会越大。②亲近性（Closeness）：直接与间接联结可以指出一个人在网络中与其他人的亲近性如何。通常以该点到其他点最短途径的长度加总来计算，亲近度是指行动者避免受其他人控制的程度。③居间性（Betweenness）：是计算行动者位于其他行动者间最短的途径，并连接他们双方，代表一种对他人潜在的控制力量。

Tichy等人（1979）[4]以社会网络的观点，将组织看成是由各种不同关系所联结起来的物体，并认为网络特征中的联结强度指整个网络彼此间联结的强度，也即网络关系的持久性。①联结强度（Intensity）：网络成员在单位时间内的接触次数。②互惠（Reciprocity）：网络成员彼此间关系的强度是否对

① Burt, R. S.. Toward a Structural Theory of Action: Network Models of Social Structure, Perception and Action [M]. New York: Academic Press, 1982: 126 – 135.

② Granovetter, M. A.. Economic Action and Social Structure: The Problem of Embeddedness [J]. American Journal of Sociology, 1985, 91 (1): 481 – 510.

③ Freeman, C.. Networks of Innovations: A Synthesis of Research Issues [J]. Research Policy, 1991 (20): 499 – 514.

④ Tichy, N. M., Tushman, M. L. & C. F.. Social Network Analysis for Organizations [J]. Academy of Management Review, 1979, 35 (8): 1261 – 1289.

等。③重复性（Multiplicity）：重复性代表不同角色的联结，彼此的联结需要越多的不同角色时，则联结的强度越高。④规模（Size）：网络成员数目。⑤密度（Density）：实际的联结数目与可能联结数目的比率。⑥稳定性（Stability）：网络的运作随时间改变的程度。⑦延伸性（Reachability）：网络中任两个成员的平均联结数目。⑧集中性（Centrality）：组织间关系由正式程序操作的程度。

Konke 和 Kuklinski（1982）[1] 提出衡量网络特征的条目有：①密度：实际的联结数目与可能联结数目的比率。②重复性：重复性代表不同角色的联结，彼此的联结需要越多的不同角色时，则联结的强度越高。③凝聚性（Cohesion）：网络成员相互联结的程度。④中心性（Centrality）：指某个成员的网络关系占所有网络关系的比率。

Thorelli（1986）[2]认为影响网络紧密或松散的因素可分为：①量（Quantity）：网络的成员数目。②质（Quality）：网络联结的强度。③成员间交互作用的形式（Type）：成员间核心活动的密切程度。Burt（1982）把企业网络分为关系和位置（结构）两个维度，当嵌入性概念后将其分为关系嵌入和结构嵌入，企业网络的特征分为关系特征和结构特征，勾勒出衡量企业网络的特征条目。关系特征主要用关系的内容、方向、延伸性和强度等指标来测度。结构特征主要采用关系联结在整个网络中的位置、规模和密度等测度指标。

熊瑞梅（1993）[3]总结了衡量网络结构关系常使用的条目有：①大小：网络的成员数目。②密度：网络成员实际互动关系数和所有可能互动关系数的比。③范围（Range）：只网络成员的异质性。④集中性：指网络中行动者在关系联结上处于显著性的位置。张世勋（2002）[4]把企业网络关系与结构特征归纳为：①强度：网络成员在单位时间内的接触次数。②密度：网络成员实

① Knoke, D. & Kuklinski, J. H.. Network analysis [M]. Beverly Hills：Sage Publication, 1982.

② Thorelli, H. B.. Networks：Between Markets and Hierarchies [J]. Strategic Management Journal, 1986, 7 (1)：37-51.

③ 熊瑞梅. 社会网络的资料搜集、测量及分析方法的检讨 [C]. 社会科学研究方法检讨与前瞻科技讨论会，中央研究院民族学研究所，1993.

④ 张世勋. 地理群聚内厂商之网络关系对其竞争力影响之研究 [D]. 中国台湾朝阳科技大学硕士学位论文，2002 (4).

际互动关系数和所有可能互动关系数的比。③互惠：网络成员彼此间的依赖
程度是否对等。④非重复性（Non - redundancy）：指某个厂商的网络联结关
系并未与其联结对象有相同的联结对象。⑤居间性（Betweenness）：指计算
行动者位于其他行动者间最短的途径，并连接他们双方，代表一种对他人潜
在的控制力量。⑥对象对元性（Multiplicity）：指网络成员的异质性。

总之，怎样刻画企业外部网络特征呢？自从 Burt 和 Knezy（1995）①把外
部网络分为关系和位置（结构）两个维度后，许多学者开始从这个角度来考
察外部网络特征与技术创新的关系。Uzzi（1996）②认为，企业的竞争优势、
组织学习、创新和社会关系等都来源于网络的嵌入。随后，有的研究从关系
嵌入（关系特征）角度出发考虑与企业创新活动之间的关系，结果表明强联
结或弱联结对企业创新有显著正的影响（Geogr，2009；McEvily & Marcus，
2005）。③④张世勳（2002）⑤从结构嵌入（结构特征）角度，把外部网络特征
分为网络强度、密度、互惠度、异质性、居间性和非重复性，通过因子分析
和回归分析，探讨了与产品、创新和财务等之间的关系，结果表明只有网络
强度、互惠度和异质性对企业创新活动有正的影响。谢洪明和刘少川
（2007）⑥则参考以上对网络特征的测量，同时考虑了产业集群因素的影响，
研究结果表明：网络密度、强度和互惠度对企业学习新产品新技术、开发新
产品新技术和搜寻相关信息五大创新能力有显著正的影响。其实，网络关系

① Burt, R. S. & Knezv, M. . Trust and Third - party Gossip. In：R. Kramer & T. Tyler（Eds.），Trust in Organizations：Frontiers of Theory and Research. Thousand Oaks：Sage Publications，1995：68 - 89.

② Uzzi, B. . The Sources and Consequences of Embeddedness for the Economic Performance of Organizations［J］. American Sociological Review，1996，61（1）：674 - 698.

③ Geogr, J. E. . The Role of the Firm's Internal and Relational Capabilities in Clusters：When Distance and Embeddedness are Not Enough to Explain Innovation［J］. Journal of Economics geography，2009，9（2）：263 - 283.

④ McEvily, B. & Zaheer, A. . Bridging Ties：A Source of Firm Heterogeneity in Competitive Capabilities［J］. Strategic Management Journal，1999（20）：1133 - 1156.

⑤ 张世勳. 地理群聚内厂商之网络关系对其竞争力影响之研究［D］. 中国台湾朝阳科技大学硕士学位论文，2002（4）.

⑥ 谢洪明，刘少川. 产业集群、网络与企业竞争力的关系研究［J］. 管理工程学报，2007，21（2）：15 - 19.

和结构特征在许多方面都有重叠，Thorelli（1986）[1]对网络特征质和量的区分，采用网络规模（量），网络强度和互惠度（质）对企业外部网络进行测量更为全面概况了这些测量。具体表述如下：[2]

（1）网络规模：过去3年间与企业联系的网络成员的数量情况。

（2）网络强度：过去3年间，企业与网络成员联系的频繁程度。

（3）网络互惠度：过去3年间，企业在市场、研发等方面对外部网络的依赖程度。

# 第二节　外部网络对企业创新绩效
# 影响的研究

近年来，中小企业赖以生存的外部环境发生了巨大变化，竞争全球化、技术跳跃式革新以及产品生命周期不断缩短对其行为产生巨大的影响。作为提高自身竞争实力的创新活动，是企业获取长期竞争优势的源泉之一。Zaheer 和 Bell（2005）[3]认为，企业外部网络成员间关系越密切，彼此交换的重要信息、经营技巧和知识就会越多，就越有利于降低交易成本、获取学习的机会从而获取好的创新绩效以形成自身的竞争优势。所以，下面从企业网络与竞争力、企业网络与创新两个方面的实证研究进行分析。

---

① Thorelli, H. B.. Networks: Between Markets and Hierarchies [J]. Strategic Management Journal, 1986, 7 (1): 37 -51.

② 为什么不采用居间性呢？因为根据本研究对象，它的网络互惠度可以得到反映。互惠度是指企业与企业网络成员的依赖程度，代表对其他成员一种潜在的控制力量。为什么不采用对象多元性这个指标？因为与本研究对象来往的网络成员基本上都差不多，网络多元化和网络密度指标也很难得到区分。而代表结构特征的网络规模，代表关系特征的网络强度和互惠度，比较能客观准确地反映本研究的网络对象情况。至于内容便是互惠研发、生产、销售和政策等信息（假设都一样），而且是双向互惠的关系。

③ Zaheer, A. & Bell, G. G.. Benefiting from Network Position: Firm Capabilities, Structural Holes, and Performance [J]. Strategic Management Journal, 2005 (2): 809 – 825.

## 一、企业网络与企业竞争力之间的关系研究

企业网络通常涉及至少两方，来源于可持续的双向的沟通，并且通过这种沟通双方便寻求互惠，以便达到各自的商业目标。网络的建设直接或间接影响企业竞争力。网络关系是企业间资产流、信息流和地位流的导管，企业在其所处网络中占有竞争优势和在其同行业中有高绩效的增长将使这三种流容量加大，结果容量加大也使企业更快发展。企业通过这些关系流来提供和获得生产、管理、技术、销售等功能以提高企业竞争力。许多的研究已经证实了企业间关系与企业绩效或企业竞争力存在联系。例如，Powell 和 Brantley（1992）[①]发现，这种关系能促进组织学习和扩大知识分布；Uzzi（1996）[②]认为企业的竞争优势、组织学习、创新和社会关系等都来源于网络的结构嵌入。Baum 等人（2000）[③]则认为通过这种关系，公司的研发创新能力也可得到提高，进而提高企业竞争力。具体来说，可以从下面几个不同的角度来研究企业网络与企业竞争力的关系。

1. 从嵌入与企业竞争力的角度探讨

基于企业网络中成员获取有用信息与知识的两种机制是关系嵌入和结构嵌入。前者认为行动者可以通过网络中结点间的相互联系纽带来获得信息，这也是 Ganovetter（1973）提出的网络"力度"，即网络中强联结与弱联结对企业获取有价值信息的情况以及对企业绩效情况有何影响。后者认为网络中不同结点由于位置不同会产生信息优势的差异，处于中心位置的结点会获得更多的信息和资源控制优势，这便是网络结构对企业获取价值信息以及对企

① Powell, W. W. & Brantley, P.. Competitive Cooperation in Biotechnology: Learning through Networks? In: N. Nohria & R. G. Eccles, Networks and Organizations: Structure, Form, and Action [D]. Boston, MA: Harvard Business School Press, 1992: 366 – 369.

② Uzzi, B.. The Sources and Consequences of Embeddedness for the Economic Performance of Organizations [J]. American Sociological Review, 1996, 61 (1): 674 – 698.

③ Baum, J. A. C., Calabrese, T. & Silverman, B. S.. Don't Go it Alone: Alliance Network Composition and Startups' Performance in Canadian Biotechnology [J]. Strategic Management Journal, 2000, 21 (3): 267 – 294.

业竞争优势的影响。

对于关系嵌入与企业绩效的关系，有许多相关的概念模型分析和实证研究。一些研究认为网络关系中的强联结对企业竞争力或创新绩效有积极影响（Foss，1993）。①有的研究则认为弱联结对企业竞争力有积极的影响（Ostgaard & Birley，1996）。②还有一些研究认为强联结和弱联接都对企业绩效或竞争力有积极的影响（Elfring & Hulsink，2003）。③

对于结构嵌入与企业竞争力或企业绩效的关系的研究，则要从企业所处的网络位置说起。网络位置决定网络成员获取的价值信息以及提高企业绩效的情况，这也是结构嵌入理论的核心。其中一个重要概念是结构空洞，指"一个网络中最有可能给组织带来竞争优势的位置——关系稠密地带之间而不是之内"。许多学者的研究结果表明，富有结构空洞的稀疏网络有利于企业的成长，有利于企业形成竞争优势（Burt，1992）。④社会资本理论认为企业外部网络结构对企业竞争力或创新绩效的提高有主要的贡献，而这一观点也得到了许多学者的支持（Granovetter，2000；Leenders & Gabbay，1999）。⑤⑥

另外，从关系嵌入和结构嵌入两方面综合考虑对企业绩效或企业竞争力影响的实证研究也有很多。例如，Echols 和 Tsai（2005）⑦通过把网络嵌入作为调节变量，证实了利基企业所生产的特色产品和工序的程度与企业创新绩

① Foss, N. J.. The Theory of the Firm: Contractual and Competence Perspectives [J]. Journal of Evolutionary Economics, 1993 (3): 127 –144.

② Ostgaard T. A. & Birley S.. New Venture Growth Andpersonal Networks [J]. Journal of Business Research, 1996 (2): 214 –243.

③ Elfring, Y. & Hulsink, W.. Networks in Entrepreneurship: The Case of High – technology Firms. [J]. Small Business Economics, 2003, 21 (4): 409 –422.

④ Burt, R. S.. Structural holes: The Social Structure of Competition [M]. Cambridge, MA: Harvard University Press, 1992.

⑤ Granovetter, M. A.. Theoretical Agenda for Economic Sociology [J]. Working Paper, Department of Sociology, Stanford University, 2000, (6).

⑥ Leenders, R. T. & Gabbay, A. J.. Corporate Social Capital and Liability [M]. New York: Kluwer Academic Publishers, 1999.

⑦ Echols, A. & Tsai, W. P.. Niche and Performance: The Moderating Role of Network Embeddedness [J]. Strategic Management Journal, 2005, 26 (3): 359 –373.

效正相关。Tsai（2006）[1]对212家中国台湾商店进行网上问卷调查研究，通过吸收能力作为中介变量，认为结构嵌入——集中性、密度和位置对等性对企业创新绩效都有显著正向作用；而关系嵌入——客户与客户关系、客户与网络关系强度对企业创新绩效却没影响。

2. 从企业网络特征与企业竞争力的角度探讨

企业网络特征包括结构特征、关系特征和其他特征。自从 Burt 把企业网络分为关系和位置（结构）两个维度，以及 Granovetter 首次把企业网络的特征分为关系特征和结构特征（关系特征主要用关系的内容、方向、延伸性和强度等指标来测度结构特征主要采用关系联结在整个网络中的位置、规模和密度等测度指标）以来，作为嵌入对企业竞争力或企业绩效关系研究的延续和细化，企业网络特征与竞争力或企业绩效的关系研究已得到了重视。Freeman（1991）[2]把网络结构特征分为程度性、亲近性和居间性等，认为这几方面对企业竞争力都有影响。Tichy 等人（1979）[3]把网络关系特征分为关系的强度、延伸性而把结构特征重复性和集中性，也证实了对企业竞争力有影响。同样，也有研究根据实际研究对象把网络特征分为：中心性、重复性、凝聚性；量（规模）质（强度）；大小、密度、范围；强度、互惠、非重复性、居间性对象多元性。基于以上量化条目，研究与企业竞争力或企业创新绩效的关系。

除了关系特征和结构特征以外，还有其他网络特征，如网络中企业的声誉、规模、成立年限、位置和资源等（Burgers et al.，1997），[4]以及这些特征

① Tsai, Y. C.. Effect of Social Capital and Absorptive Capability on Innovation in Internet Marketing [J]. International Journal of Management, 2006, 23（1）: 157 –166.

② Freeman, C.. Networks of Innovations: A Synthesis of Research Issues [J]. Research Policy, 1991（20）: 499 –514.

③ Tichy, N. M.. Tushman, M. L. & C. F.. Social Network Analysis for Organizations [J]. Academy of Management Review, 1979, 35（8）: 1261 –1289.

④ Burger, J. M. Horita, M., Kinoshita, L., Roberts, K. & Vera, C.. Effect of Time on the Norm of Reciprocity [J]. Basic and Applied Social Psychology, 1997（19）: 91 – 100.

与企业绩效之间存在怎样的关系（Stuart，2000）。①

总之，探索企业网络特征与竞争力或创新绩效的关系，根据研究对象和研究范围的不同，可将企业网络特征分为关系特征、结构特征和其他特征，以此研究网络特征与企业竞争力的关系，逐一细分来研究和分析。

3. 从企业网络形成的原因和作用的角度探讨

许多研究探讨企业网络与企业绩效的关系。企业与供应商和其他网络成员的交易是为了获取外部资源和信息，以更好的产品和服务来吸引顾客（Pennings & Lee，1999）。②网络是企业获取机会、检验想法和整合资源以形成组织优势和获得高绩效的主要舞台。在这个舞台上，成员间关系越密切，彼此交换的重要信息、经营技巧和知识就越多，也就越有利于彼此降低交易成本和获取学习的机会以及机会成本、提高生产管理方式与技术创新能力（Hsu，1997）、③拓宽销售渠道（Samson，2005）④而形成竞争优势，提高企业绩效（Anderson et al.，1994；Oliver & Moore，1990）。⑤⑥

另外，网络中成员也要为其他成员付出自己的所有，而这种互惠的关系必然是在彼此长期的博弈中所形成的。这种长期合作所形成的相互信任、互惠、"潜规则"是网络结构形成和稳定发展的前提（Redding，1996）。⑦长期建立起来的相互信任、诚信、互惠和义务责任也是管理网络结构的决定性因素。此外，与这些关系相连接的将引出那些执行行动链接、资源集群和共享

---

① Stuart, T. E. . Inter – organizational Alliances and the Performance of Firms: A Study of Growth and Innovation Rates in a High – technology Industry [J]. Strategic Management Journal, 2000 (21): 791 – 811.

② Pennings, J. M. & Lee, K. . Social Capital of Organization: Conceptualization Level of Analysis, and Performance Implications [M]. In Corporate Social Capital and Liability, New York: Kluwer, 1999.

③ Hsu, J. Y. . A Late Industrial District? Leaning Network in the Hsinchu Science – based Industrial Park [D]. University of California California, 1997.

④ Samson, W. Y. M. . Inter – organizational Network and Firm Performance: The Case of the Bicycle Industry in Chinese Taiwam [J]. Asian Business & Management, 2005 (4): 67 – 91.

⑤ Anderson, A. R. & Miller, C. J. . "Class matters" Human and Social Capital in the Entrepreneurial Process [J]. Journal of Socio – Economics, 1994, 32 (1): 17 – 36.

⑥ Oliver, H. , & Moore, J. . Property Rights and the Nature of the Firm [J]. Journal of Political Economy, 1990, 98 (1): 1119 – 1158.

⑦ Redding, G. . The Spirit of Chinese Apitalism [R]. Berlin: De Gruyter Paper to be Discussed at the DRUID Conference on Systems of in Innovation in Aalborg, Denmark, 1990.

网络感知的网络功能（Anderson，1986）。[1]因此，通过行动链接的建立可使企业降低交易成本，并获得资源的相互依赖或互补，包括零组件、人力、资金、经营知识及生产计划等资源。企业间在这基础上可以加深联系，互换资源和信息和提升营运效率与速度，这是提高企业竞争优势的源泉，也会对技术特殊性、新产品发展知识的获取有正面的影响。最终，能增强企业的核心竞争力，因为在行业集群中价值链巩固了企业竞争力。Oliver（1993）也认为建立企业间的关系，可以增加资产报酬、降低单位成本、减少浪费和故障、降低单位固定成本，使投入与产出比率增加，从而提高企业内部效率。[2]

4. 从网络成员互惠具体信息角度来探讨

大部分对企业网络的研究都把重点放在网络中成员的关系情况、网络情况对绩效或竞争力的影响，而对网络中企业到底付出和获取什么样的资源、信息、知识和政策等的分析和研究却很少见。Gulati（1999）[3]把具有特质性和价值产生的过程依赖性的资源称为"网络资源"。他指出，网络资源允许网络组织成员对其进行使用和开发，而竞争对手却难以模仿或替代，企业的长期竞争优势来自企业所拥有和控制的难以模仿、难以交易的特殊资源和战略资产。他虽然给出网络资源的定义和说明了网络资源的作用，但是也没有界定这些资源以及网络成员怎么互惠这些资源。而对于这方面，已经有研究认为，成功（高绩效）的企业网络必须是网络参与者之间经常进行知识和信息转换和学习，而不单单是物质上面的获取（Lazerson，1995）。[4]对于这些知识和信息，来自于创新网络的技术开发信息和营销网络的市场战略信息得到了一部分学者的重视（Kim，1998；Wong & Shaw，1996），[5] 企业网络中成员对技术信息和市场信息的互惠对企业竞争力或企业绩效的影响的研究也开始

---

① Anderson. R . How Personality Drives Network Benefits: Need for Cognition, Social Networks, and Information Amount [J]. Information & Management, 1986 (39): 677 – 688.

② Oliver, R. L . Cognitive, Affective, and Attribute Bases of the Satisfaction Response [J]. Journal of Consumer Research, 1993 (3): 425 – 449.

③ Gulati, R . Alliances & Networks [J]. Strategic Management Journal, 1998, 19 (1): 293 – 317.

④ Lazerson, M . A New Phoenix? Modern Putting – out in the Modena Knitwear Industry [J]. Administrative Science Quarterly, 1995 (40): 34 - 59.

⑤ Kim, L. Crisis Construction and Organizational Learning: Capability Building in Catching – up at Hyundai Motor [J]. Organization Science, 1998, 9 (4): 506 – 521.

受到关注。① Achrol 和 Kotler（1999）②认为成功的企业网络一定是可以"协同企业间互换市场和技术信息"的网络。Stuart（2002）③也做了同样的工作，他重点关注网络中技术开发和市场战略网络功能的作用。

Samson（2005）④归纳了前人这方面的研究，把网络中企业互惠的信息分为技术开发和市场战略信息，并通过对中国台湾自行车 52 家企业的研究。最后，得出了三个重要结论：①企业可以从网络中获取所需的技术开发信息和市场战略信息，并且企业发展得益于对这些信息的获取。②企业与上下游互惠这些信息的强度与企业绩效有显著正相关。③在企业与上游（供应商）关系比与下游（顾客）的关系研究中，企业上游（供应商）比顾客对于这两方面信息的互惠更具有前摄的战略行为。

## 二、中小企业创新网络与创新绩效

### （一）创新的定义和分类

20 世纪 60 年代，创新学者开始从工程观点，认为创新仅仅能够通过一些可见资本来解释（技术、物质、人力、财务等）。Tushman 和 Anderson（1986）⑤从产品角度将创新定义为企业生产新的产品、采用新的制造流程或提供新的服务。Damanpour（1991）⑥将创新定义为一种产品、一种服务、一种新技术、新的管理架构或是对组织人员的重新分配，他强调创新是组织内

---

① 苏惠香. 网络经济技术创新与扩散效应研究 [D]. 东北财经大学博士学位论文, 2007 (6).

② Achrol, R. S. & Kotler, P.. Marketing in the Network Economy [J]. Journal of Marketing, 1999 (63).

③ Stuart, T. E.. Inter – organizational Alliances and the Performance of Firms：A Study of Growth and Innovation Rates in a High – technology Industry [J]. Strategic Management Journal, 2000 (21)：791 – 811.

④ Samson, W. Y. M.. Inter – organizational Network and Firm Performance：The Case of the Bicycle Industry in Chinese Taiwan [J]. Asian Business & Management, 2005 (4)：67 – 91.

⑤ Tushman, M. & Anderson, P.. Technological Discontinuities and Organizational Environments [J]. Administrative Science Quarterly, 1986 (31)：439 – 465.

⑥ Damanpour, F.. Organizational Innovation：A Meta – analysis of Effects of Determinants and Moderators [J]. Academy of Management Journal, 1991 (34)：555 – 590.

部的一些改变，是针对内部环境外部环境所做出的反应。Clark 和 Guy (1998)①则从流程的角度定义创新，他们认为创新是将知识转化为有价值的东西的过程，会对个人、产品、组织、产业甚至社会产生极大的价值，这个过程需要参与者及相关部门的互动与信息的反馈。他们认为，创新的过程是创造知识和技术扩散的最主要来源，也是企业提升竞争力的重要方式。

创新可以按照不同的角度进行分类。以创新的环境为基础可以分为延续性创新与破坏性创新，也被称为渐进性创新与突破性创新。突破性创新是指那些不按照公司主流用户的需求性能改进轨道上进行改进的创新。创新是一项复杂的活动，需要将新知识应用于这个过程中，新知识是在一个积累的过程中产生的，其间可能会增加新的有价值的或者删除旧的无用的，也可能转化、修正原有的，这便是创新的渐进性（Escribano & Fosfuri, 2005）。②

孙启贵等（2006）③根据不同的分类标准，列出了四种创新的分类。①按内容：产品创新、工艺流程创新、服务创新和组织创新。②按重要性：渐进性创新、突破性创新、技术系统的变革和技术经济范式的变革。③按生产要素：节约劳动型、节约资本型和折中型。④按技术来源：自主创新和模仿创新。

对于企业而言，主要关注的是技术创新，而技术创新是产品创新所在。20 世纪 80 年代初，创新的供应链理论认为应该通过注意到工程、生产、技术发展和市场销售来注意到研究和市场之间的关系。90 年代初，出现了创新的技术网络理论，认为创新型企业通过合作和信息交流网络和外界保持高度联系。强调外部信息源的重要性，如客户、供应商、外部咨询、政府部门、高校等。同时还强调技术网络的重要性，并认为信息交换是通过协作、网络和合伙的形式来实现的。

---

① Clark, J. & Guy, K.. Innovation and Competitiveness, Technology Analysis [J]. Strategic Management, 1998, 10 (3): 363 – 395.

② Escribano, A. & Fosfuri, A.. Managing External Knowledge Flows: The Moderating Role of Absorptive Capacity [J]. Research Policy, 2009, 38 (1).

③ 孙启贵，邓欣，徐飞. 破坏性创新的概念界定与模型构建 [J]. 科技管理研究，2006 (8)：175 – 178.

（二）创新网络的定义和讨论

企业创新的开展不仅需要企业内部之间的交互作用和创新资源的支持，而且越来越强调企业与外界的互动。企业有效获取和利用这些潜在知识和信息的能力对于企业的创新活动和创新绩效是非常重要的（Cohen & Levinthal，1990）。[①]而中小企业的创新活动更是离不开与外界的交流，这些交流所形成的关系网就是创新网络。对于创新网络的研究，Burt（1982）[②]的研究中涉及网络与技术创新之间关系，指出在社会网络中存在两个过程对技术创新扩散产生显著影响：信息的传播和社会影响的传递。然而，真正提出创新网络概念的是 Freeman（1991）[③]在"Research Policy"上发表的文章，认为创新网络是应付系统性创新的一种基本制度安排，网络形成主要联结机制是企业间的创新合作关系。后来，对于创新网络的定义与研究开始受到国内学者的关注（王大洲，2001；池仁勇，2005）。[④⑤]

中小企业创新网络是指中小企业创新活动过程中与外部机构、企业、组织（上下游企业、大学科研机构、政府等）形成的以创新为导向、以非正式联络为主的开放型稳定结网关系。中小企业创新网络往往以产业集群的形式存在，在较小的地理范围内集聚是中小企业的本能决定的，大量中小企业集聚吸引关联机构的加盟，网络就是在日常交易和活动中形成。另外，中小企业创新网络是以企业为中心、创新活动为主轴和其他资助机构为辅助的稳定关系网。中小企业创新网络是围绕着企业创新活动而展开的，是企业开展创新的外部环境，表现为一系列链条。中小企业创新网络是由利益相关体共同组成的联结，包括供应商、客户、同行企业、其他相关企业、政府部门、大

---

① Cohen, J. & Levinthal, D. A.. Absorptive Capacity: A New Perspective on Learning and Innovation [J]. Administrative Science Quarterly, 1990, 35 (1): 128 – 152.

② Burt, R. S.. Toward a Structural Theory of Action: Network Models of Social Structure, Perception and Action [M]. New York: Academic Press, 1982: 126 – 135.

③ Freeman, C.. Networks of Innovations: a synthesis of research issues [J]. Research Policy, 1991 (20): 499 – 514.

④ 王大洲. 企业创新网络的进化与治理：一个文献综述 [J]. 科研管理, 2003 (5): 96 – 103.

⑤ 池仁勇. 区域中小企业创新网络评价与构建研究：理论与实践 [D]. 中国农业大学博士学位论文, 2005 (5).

学等科研机构、行业协会、银行等金融机构等。中小企业创新网络之间的联结是基于网络中流动的生产要素（劳动力、资本、知识、技术、市场等信息）及其他创新资源的流动而维持的。

中小企业创新网络是由包括企业、科研机构和政府部门等节点组成，同时也存在联结这些节点的关系链条。这些链条的类型多种多样，它们在企业进行创新活动中发挥不同的作用，包括技术链（集群的人才结构、专利情况、新产品情况等）、亲友关系链（血缘关系链、同学关系链和老乡关系链）、信息传递链、项目合作链、产品链、人员流动链和资本链（池仁勇，2007）。而集群中的网络成员通过这些链便组成了创新网络，企业通过创新网络便可以获取所要的知识和信息，进行创新活动以提高创新绩效和获取企业最终的收益。另外，根据这些节点间联结链情况不同，对创新网络的研究也可以从不同的角度来考虑。按照内容不同，可以分为销售网络、技术合作网络等（池仁勇，2005）；[①]按照渠道不同可以分为正式网络和非正式网络（杨海珍，1999）；[②]按照网络形成的基础不同可以分为个人网络（Redding，1990）、[③]社会网络（Angel，1989）[④]和组织网络（池仁勇，2001）。[⑤]

总之，企业创新不是一个孤立的过程，在这个过程中会涉及各种组织、机构、市场和其他企业等。例如，企业需要得到科研机构的技术帮助、大学的人才支持，需要市场信息、技术信息、金融机构的融资帮助、政府的政策支持等。企业是不断根据市场需求变化来提出创新要求和设想的。要实现这个设想必须吸收科研机构的成果，与其他组织进行学习，共享稀缺资源等，而这些都要依赖于外部环境。有了创新网络的存在，就会大大加快这种学习

---

① 池仁勇. 区域中小企业创新网络评价与构建研究：理论与实践 [D]. 中国农业大学博士学位论文，2005（5）.

② 杨海珍. 技术创新过程中的网络研究 [J]. 西北大学学报（自然科学版），1999（5）：11 - 14.

③ Redding，G.. The Spirit of Chinese Apitalism [R]. Berlin：De Gruyter Paper to be Discussed at the DRUID Conference on Systems of in Innovation in Aalborg，Denmark，1990.

④ Angel，D.. The Labour Market for Engineers in the US Semiconductor Industry [J]. Economic Geography，1989（65）：99 - 112.

⑤ 池仁勇. 意大利中小企业集群的形成条件与特征 [J]. 外国经济与管理，2001（8）：27 - 31.

和吸收活动以提高企业的效益。归纳起来，创新网络可以提高中小企业技术学习的能力、节省交易费用、提高技术应变能力、提高规避创新风险能力、有利于潜在知识和信息的交流、满足买方市场的需求、便于沟通和协调（池仁勇，2005）。

所以，创新网络要持续发展为企业服务，必须满足：①网络中成员间必须建立信任机制。②知识和信息的互惠必须是双向的。③相互往来在一定程度上必须是平等的关系。④整体的利益是互补的。⑤基本上都是企业地理集聚的情况。

（三）中小企业网络与创新绩效

关于中小企业创新网络与创新绩效的研究属于企业网络与企业绩效或竞争力研究的一个重要部分，它随着市场竞争的加剧，市场对企业创新要求的加强而产生的以网络形式存在的企业间相互协作、互惠创新知识和信息的平台。上文分析的企业网络对成员企业的作用、企业网络的形式、企业网络与企业竞争力或企业绩效的关系等。其实，中小企业创新网络也是包含对这些问题的研究，只是研究和关注的角度不同，本书主要考虑中小企业的网络特征对企业创新绩效的影响，而不仅仅是研究其对销售绩效、利润绩效或者竞争力等的影响。

池仁勇（2005）[1]认为，中小企业通过不同的传输机制，包括模仿、正式和非正式的协作、熟练员工的移动以及产业与大学科研机构中心之间的互动，地理集中便利了信息的流通，从而促进企业的创新活动。因此，企业网络被认为是后续发展的主要推动力量：劳动力分工和专业化、大范围供应商网络的出现以及代理商的出现、专业化生产服务和大量专业化熟练工人的储备以及商业联盟的建立等都有利于企业进行创新活动，以获取创新绩效和收益（蒋军锋，2007）。[2]企业集群网络被认为是培育企业学习与创新能力的"温床"，由于临近性、学习和竞争效应的存在，企业集群网络能够发展为基于

---

[1] 池仁勇. 区域中小企业创新网络评价与构建研究：理论与实践 [D]. 中国农业大学博士学位论文，2005（5）.

[2] 魏江. 产业集群——创新系统与技术学习 [M]. 北京：科学出版社，2003：44-50.

区域创新能力的竞争优势，从而大大加快集群内企业的技术创新步伐（魏江，2003）。①

　　关于创新网络与创新绩效关系的实证研究已经得到学术界的重视，对于这方面的研究，Powell（1990）②的研究表明，组织的创新不仅源自于组织内部；相反，组织与其他企业、大学、科研机构、供应商和顾客的联系更是创新所在。随后，Powell 和 Brantley（1992）③通过对组织间关系网络进行的实证研究，证实了组织间协作可以实现知识、信息和经验的传播，而形成创新绩效。对于组织间这种知识、信息和经验的传播和转移为相互学习提供了机会，这种合作可以激发组织新知识的创造和创新能力的培养（Kogut & Zander，1992；Tsai & Ghoshal，1998）。④⑤另外，从更微观角度来看，区域中小企业创新网络是通过相关研究机构、企业间链接而形成，网络的节点、关系链等属性决定网络的属性与功能。而对于这些节点和关系链怎样决定网络属性与功能进而影响企业绩效，他归纳了区域中小企业创新网络的基本框架，以及网络节点的关系链形式，利用2001—2003 年 264 家浙江省中小企业的问卷调查数据，统计分析了中小企业创新网络的节点联结强度对企业销售增长、利润增长和新产品开发都有显著的正影响。

　　而这种合作是怎样激发创新的呢？汪少华和汪佳蕾（2002）⑥认为是一种本能的作用，由于企业集群内集聚了许多相似的和关联度很高的企业，一旦有新产品或生产工艺技术在集群内出现，信息自然很快就得到传播、溢出和

　　① 蒋军锋．技术创新网络结构演变研究［D］．西安理工大学博士学位论文，2007（5）．

　　② Powell，W. W.．Neither Market nor Hierarchy：Network Forms of Organizing. IN：B. Staw & L. L.，Cummings，Research in Organizational behavior. Greenwich，CT：JAI，1990：295 – 336.

　　③ Powell，W. W. & Brantley，P.．Competitive Cooperation in Biotechnology：Learning Through Networks? In：N. Nohria & R. G. Eccles，Networks and Organizations：Structure，Form，and Action［J］. Boston，MA：Harvard Business School Press. 1992：366 – 369.

　　④ Kogut，B. & Zander，U.．Knowledge of the Firm，Combinative Capabilities and the Replication of Rechnology［J］. Organization Science，1992（3）：383 – 397.

　　⑤ Tsai W.，Ghoshal S.．Social Capital and Value Creation：The Role of Inter – firm Network［J］. Academy of Management Journal，1998，41（4）：464 – 476.

　　⑥ 汪少华，汪佳蕾．浙江省企业集群成长的创新模式［J］．中国农村经济，2002（8）：58 – 62.

渗透，从而企业创新绩效本能地得到提高。张方华（2003）[①]却有不同看法，他们认为大量同行业中小企业在地理空间的集聚，产生技术创新的追赶、模仿、学习和启发等效应，从而企业间增强了技术创新的引导和启发作用。Malmberg（2003）[②]认为网络集群内企业通过信息传递提高了内部劳动力交换率，劳动力快速流动对人员自身素质要求加大，同时也促进了信息、思想的进一步传播和扩散，有利于企业进行创新。楼飞炯（2007）[③]通过研究企业合作的内容和渠道是如何对企业成长产生作用时发现产业集群内企业间的研发中的合作以及营销合作对企业的创新活动有着积极的影响。李建玲和孙铁山（2003）[④]考虑了政府的介入，认为政府作为区域创新环境的建设者，间接参与创新过程，并引导和影响区域创新主体的创新行为。

而随着资源基础学派对资源与能力的区别与联系大讨论的开展，Cohen和Levinthal（1990）[⑤]首次提出吸收能力这个概念，他们把企业的吸收能力定义为企业识别、吸收并商业化利用来自企业外部的知识源的能力（也就是说，企业所拥有的现实和潜在资源不是真正有意义的资源，它必须通过吸收能力获得外界的新知识和信息，还应该包括将其转化并使用这些知识和信息的能力）。他们通过引入吸收能力的作用，研究了外部网络对创新绩效的影响，结果证明了吸收能力在外部网络影响创新绩效中的调节作用。从这个角度，技术创新理论工作者用技术创新的发生频率、绩效和成功概率分析产业集群对技术创新的推动作用（Freeman，1991），[⑥]分析吸收能力不仅可以提高企业创新绩效，还是企业持续竞争优势的源泉。Wong 和 Shaw 通过对企业怎

① 张方华. 企业的社会资本与技术合作 [J]. 科研管理，2004，25（2）：31 - 36.

② Malmberg, A.. Beyond the Cluster Connection Local Milieus and Global Connections. [J]. Tourism and Hospitality Research, 2000, 2（3）：199 - 213.

③ 楼飞炯. 基于吸收能力的企业外部网络效应与创新绩效关系研究 [D]. 浙江大学硕士学位论文，2007（4）.

④ 李建玲，孙铁山. 推进北京高新技术产业集聚与发展中的政府作用研究 [J]. 科研管理，2003（5）：92 - 97.

⑤ Cohen, J. & Levinthal, D. A.. Absorptive Capacity: A New Perspective on Learning and Innovation [J]. Administrative Science Quarterly, 1990, 35（1）：128 - 152.

⑥ Freeman, C.. Networks of Innovations: A Synthesis of Research Issues [J]. Research Policy, 1991（20）：499 - 514.

样管理顾客信息的角度，讨论了企业必须包括获取、转移、提升和使用顾客信息的能力，而这便有利于企业进行创新的吸收能力。基于吸收能力为调节或中介变量，Tsai（2002）[①]通过对 60 多个商业单位的研究，说明了吸收能力在网络结构与企业创新能力（创新绩效）之间起调节作用，也就是说吸收能力与网络结构的相互作用对企业创新能力（创新绩效）有正方向的显著作用。同样，Tsai（2006）[②]通过对 212 家中国台湾商店进行网上问卷调查研究，认为结构嵌入——集中性、密度和位置对等性对企业创新绩效都有显著正向作用；而关系嵌入——客户与客户关系、客户与网络关系强度对企业创新绩效却没影响。

　　当前学者们对于中小企业网络与创新绩效的关系研究都注意到了吸收能力的作用，它们重点考虑怎样比较合理地衡量吸收能力和怎样考虑吸收能力在两者之间的作用来分析企业网络与创新绩效的关系。Teece 等人（1997）[③]认为，物质资源、非物质资源和知识资源通过外部网络对企业技术能力的提高有帮助。Lee 和 Lee（2001）[④]首次对他们的联系以及对企业绩效的影响进行较为详细的研究，通过对韩国 137 家技术性创业公司进行调查研究，认为企业内部能力和外部网络对企业绩效有显著的影响。内部能力利用企业导向、技术能力以及研发期间财务资源的投资作为操作；外部网络则运用合作关系和赞助关系为基础的两种联结方式来获取。通过回归统计结果显示：内部能力的三个指标创业企业的绩效是重要的预测因子；而在外部网络中，只有创业投资公司对创业企业的绩效有预测联结。总之，内部能力与合作关系导向联结间的三个指标对企业绩效呈现显著影响。

① Tsai, W. P.. Social Structure of "Cooperation" within a Multiunit Organization: Coordination Competition, and Inter – organizational Knowledge Sharing [J]. Organization Science, 2002, 13 (2): 179 – 191.

② Tsai, Y. C.. Effect of Social Capital and Absorptive Capability on Innovation in Internet Marketing [J]. International Journal of Management, 2006, 23 (1): 157 – 166.

③ Teece, D. J. Pisano, G. & Shuen, A.. Dynamic Capabilities and Strategic Management [J]. Strategic Management Journal, 1997, 18 (7): 509 – 533.

④ Lee, C. & Lee, K.. Internal Capabilities, External Networks, and Performance: A Study on Technology – based Ventures [J]. Strategic Management Journal, 2001, 22 (1): 615 – 640.

# 第三节　吸收能力的相关研究

吸收能力作为一系列知识管理和创新带动的能力，其作用已得到理论界一致认可。在不同的研究中，根据研究对象和研究范围等不同，对吸收能力也存在不同的定义，并在此基础上进行相关的理论探讨与实证研究。

## 一、吸收能力的含义

Cohen 和 Levinthal（1990）①首次提出吸收能力这个概念，他们认为企业的吸收能力指企业识别、吸收并商业化利用来自企业外部的知识源的能力。也就是说，吸收能力指的不仅是组织获得外界的新知识和信息，还应该包括将其转化并使用这些知识和信息的能力。现实中，大多数创新来自于"借"而不是"发明"。并且这些现象得到了广泛的支持（蒋军锋，2007）。②企业绩效高也是源自于企业内创新部门，而其他部门如营销、制造等正式创新部门以外的信息也是很重要的。Kim（1998）③提出吸收能力的另一种定义：是组织学习和解决问题的能力。Mowery 和 Oxley（1995）④提出第三种吸收能力的定义：吸收能力是一系列应用范围较广的技能，它主要用来处理从企业外部转移过来的新技术中的默契知识并使之适合于本企业的应用。Zahra 和 George（2002）⑤提出的第四种定义则认为吸收能力是组织的一系列惯例和规范，由此企业获取、消化、转换和利用知识并形成动态组织能力。他们指出，内部

① Cohen, J. & Levinthal, D. A.. Absorptive Capacity: A new Perspective on Learning and Innovation [J]. Administrative Science Quarterly, 1990, 35 (1): 128 – 152.

② 蒋军锋. 技术创新网络结构演变研究 [D]. 西安理工大学博士学位论文, 2007 (5).

③ Kim, L.. Crisis Construction and Organizational Learning: Capability Building in Catching – up at Hyundai Motor [J]. Organization Science, 1998, 9 (4): 506 – 521.

④ Mowery, D. C. & Oxley, J. E.. Inward Technology Transfer and Competitiveness: The Role of National Innovation Systems [J]. Cambridge Journal of Economics, 1995, 19 (1): 67 – 93.

⑤ Zahra, S. A. & George, G.. Absorptive Capability: A Review, Re – conceptualization and Extension [J]. Academy of Management Review, 2002, 27 (1): 185 – 203.

知识的有效共享与整合是吸收能力的重要组织部分，进而提出吸收能力的两个部分：潜在吸收能力（包括知识获取和消化能力）和实现吸收能力（包括知识转化和开发能力）。吸收能力是企业管理知识、整合资源和处理信息的能力，也就是企业获取、转换、升级、更新和应用资源、知识和信息的能力（Tsai，2006）。[1]

以上定义的一致之处在于，都认同吸收能力是一个多维度的概念，它涉及评价、消化和应用知识的能力或者是知识基础的整合。这些定义在一定程度上有重合，同时在主要方面也有所区别，并且强调不同的维度。因此，吸收能力指企业识别外部技术知识、市场信息、相关政策的价值，消化并结合内部资源和信息，并最终将之应用于商业化目的以获得收益的能力。它的内涵可以概括为：①吸收能力是企业对外部知识在评价、获取与消化基础上，与企业原有的知识有效整合和利用的一系列组织惯例和过程。②吸收能力是建立在企业知识和经验积累的基础上，具有领域限制和路径依赖的特点。③吸收能力存在于企业个体和组织两个层次上，作为一系列基于知识的能力，吸收能力的强弱最终表现在企业竞争优势的实现程度上。

## 二、吸收能力的实证研究

吸收能力的概念已被许多学者应用于产品创新、战略管理、组织学习、技术管理、产业组织经济学等诸多经济管理研究领域（楼飞炯，2007）。[2]对吸收能力与企业发展的实证研究，也开始得到学术界的重视。特别在企业技术创新方面，吸收能力更是对企业有重大意义，这种意义表现在吸收能力不仅对组织创新绩效有积极作用，而且是企业可持续竞争优势的源泉所在。特别是对于信息和技术型行业，吸收能力的作用显得更重要，不仅协助提高企

---

① Tsai, Y. C.. Effect of Social Capital and Absorptive Capability on Innovation in Internet Marketing [J]. International Journal of Management, 2006, 23（1）：157–166.

② 楼飞炯. 基于吸收能力的企业外部网络效应与创新绩效关系研究 [D]. 浙江大学硕士学位论文，2007（4）.

业的创新绩效，更是企业保持竞争优势的源泉（Tushman & Anderson，1986）。[1] Teece 等（1997）[2]认为企业开发新技术新产品的这种创新绩效依赖于识别机会并以一种有利的方式重新配置资源以匹配运行环境的能力。而这种能力可以通过区域网络的合作得以实现和提升，这就是企业的吸收能力。它的主要影响因素：先验知识、自主研发投入、组织环境、组织文化和组织学习机制。

总之，吸收能力不仅是吸收外部信息和知识的能力，它包括企业识别外部技术知识、市场信息、相关政策的价值，消化并结合内部资源和信息，并最终将之应用于商业化目的以获得收益的能力。新产品开发是指企业开发超出其市场上竞争对手的产品，它得益于获取和利用外部信息，并结合内部资源进行开发。外部信息的有效利用和内部资源的有效整合与企业绩效之间存在正相关关系（嵇登科，2006）。[3]这种吸收、消化和整理的能力——吸收能力在网络结构与企业创新绩效之间起到调制作用（Tsai，2006）。[4]虽然在网络的位置决定了企业获得信息的难易程度和信息的价值，但企业吸收、消化和整合新信息、知识和资源的能力在很大程度上也决定了对网络中这些资源的获取和对企业绩效的影响。一个可以很容易获取所需的资源与知识的企业可能企业绩效很差，这便是企业吸收能力出了问题。所以，一个企业为了获取竞争优势和收益，必须提高自身对新知识、信息和资源的吸收、消化和整合能力。

同时，值得注意的是企业的资源与能力是既有联系又有区别的，企业内部能力与外部协作不是替代的关系，而是互补的关系。内部能力是进行外部活动必不可少的条件，而外部协作则可以提供内部所提供不了的新的信息和

---

① Tushman, M. & Anderson, P.. Technological Discontinuities and Organizational Environments [J]. Administrative Science Quarterly, 1986 (31): 439 – 465.

② Teece, D. J., Pisano, G. & Shuen, A.. Dynamic Capabilities and Strategic Management [J]. Strategic Management Journal, 1997, 18 (7): 509 – 533.

③ 嵇登科. 企业网络对企业技术创新绩效的影响研究 [D]. 浙江大学硕士学位论文, 2006 (4).

④ Tsai, Y. C.. Effect of Social Capital and Absorptive Capability on Innovation in Internet Marketing [J]. International Journal of Management, 2006, 23 (1): 157 – 166.

资源（Nelson，1993）。[①]总之，一个企业的价值和能力与内在资产有关，同时，外部协作可以补充企业内部所缺的能力与资源，更深地开发和强化了企业内在竞争力。本研究认为企业资源与企业吸收能力是两个不同的概念和过程，资源是能力的基础，是形成能力的必要保障，而能力是获取资源的重要手段。而对于资源、能力与绩效的关系，优质的资源是企业获取好收益的前提和保障，好的能力也是企业获取收益的必要手段，但是好的资源如果没有好的能力进行吸收、消化和整合，那么企业也不可能获得好的绩效。

# 本章小结

本章文献回顾的内容包括企业外部网络、吸收能力和创新绩效。这些研究现状的分析包括三部分：企业外部网络相关理论、企业外部网络与创新绩效、吸收能力的相关研究，这是本书实证研究基础。

在回顾前人研究的基础上，本书得到两个结论：第一，企业外部网络效应与创新绩效存在正相关关系；第二，吸收能力在企业外部网络与创新绩效之间是否起作用，起何作用没有达成一致的结论。

---

① Nelson R. R. . National Innovation System—A Comparative Analysis ［M］. Oxford：Oxford University Press，1993.

# 第四章　研究模型构建和假设提出

本章基于吸收能力在企业外部网络与创新绩效之间起何作用构建概念模型，并详细说明概念模型的理论基础。接着，进行概念模型变量之间关系的初步论述。最后，提出本书的六个研究假设。

## 第一节　概念模型的提出

概念模型是对真实世界中问题域内的事物的描述，包括记号、内涵、外延，其中记号和内涵是其最具实际意义的。本书的实证研究部分需要建构吸收能力为调节变量和以吸收能力为中介变量的概念模型，基于这两个模型进行数据验证与分析。然而，概念模型需要在一定理论支撑的基础上建立。

### 一、概念模型的理论基础

#### （一）社会资本理论（Social Capital Theory）

社会资本概念的提出是 20 世纪 70 年代，在资本概念内涵拓展的基础上发展起来的、与物质资本和人力资本相对应的理论概念。Coleman（1998）[①]认为社会资本是一种人际间持久存在的社会关系，这种持久存在的社会关系，

---

① Coleman, J. S. . Social Capital in the Creation of Human Capital [J]. American Journal of Sociology, 1998, 94 (1): 95 - 121.

不仅是社会结构的组成部分，同时也是一种个人资源。社会资本理论是用于解释人际关系网络的基础理论。随着企业网络理论对人际关系网络的借鉴和发展，Leenders 和 Gabbay（1999）[①]认为企业外部网络对企业绩效的获取起主要作用。组织与其他网络成员的合作就是为了获取外部资源以保证产品和价格的优势，提升竞争力（Burt，1992）。[②]总之，社会资本理论给予中小企业的启示便是：必须重视对外部有价值网络的构建，以此来获取创新绩效。

（二）资源基础理论（Resource Based View）

企业资源基础理论是由 Wernerfelt（1984）[③]提出的，强调当企业拥有有价值的、稀缺的、不易被模仿的和无法替代的特质资源时，就能生产出优质的产品和提供好的服务，便形成了竞争优势。吸收能力指企业识别、吸收和开发外部知识的能力，是企业基本的创新能力。所以，根据资源基础理论，吸收能力是企业进行创新活动以获取创新绩效的一种重要的资源。

资源基础理论强调的是企业拥有的内部资源和能力，而社会资本理论说明的是企业与外部网络成员的关系。当企业提高内部能力以获取外部存在的潜在有价值资源时，便是这两个理论的结合，这也是本研究的依据。本书认为中小企业依靠自身拥有的现实资源，不断提升自身开发和获取新资源的能力以获取外部网络中存在的潜在知识和信息等有价值资源，以此实现创新绩效的提高。

（三）SWOT 分析模型

SWOT 分析方法是用来确定企业本身的竞争优势（Strength）、竞争劣势（Weakness）、机会（Opportunity）和威胁（Threat），从而将企业的战略与内部资源、外部环境有机结合。因此，清楚地确定公司自身的优势和缺陷，了

---

① Leenders, R T & Gabbay, A. J.. Corporate Social Capital and Liability［M］. New York：1999.

② Burt, R. S.. Structural Holes：The Social Structure of Competition［M］. Cambridge, MA：Harvard University Press, 1992.

③ Wernerfelt B A.. Resouce – based View of the Firm［J］. Strategic Management Journal, 1984（5）：171－180.

解公司所面临的机会和挑战，对于制定企业未来的发展战略，获得好的企业创新绩效有着至关重要的意义。本研究以网络集群中企业本身的优势与劣势以及所面临的机会与威胁为立足点，通过企业吸收能力，分析其对企业创新绩效的影响，如图4-1所示。

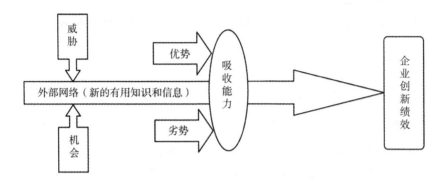

**图4-1 企业外部网络 SWOT 分析模型**

**（四）SCP 分析模型**

SCP（structure - conduct - performance，结构—行为—绩效）模型是由美国哈佛大学产业经济学权威贝恩（Bain）、谢勒（Scherer）等人建立的。该模型提供了一个既能深入具体环节，又有系统逻辑体系的市场结构（Structure）—市场行为（Conduct）—市场绩效（Performance）的产业分析框架。本研究在此基础上建立了网络结构、吸收能力与企业创新绩效关系的结构，如图4-2所示。

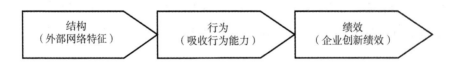

**图4-2 企业外部网络 SCP 分析模型**

## 二、中介变量概念模型

中介变量（Mediator Variable）是自变量对因变量发生影响的中介，是自变量对因变量产生影响的实质性的、内在的原因，通俗地讲，就是自变量通过中介变量对因变量产生作用。通常情况下，如果某个变量的介入能够清晰地说明自变量与因变量之间的关系，它就有可能是中介变量。因此，检验中介效应时要考察这三个变量之间的关系，中介效应属于间接效应。根据前人对企业网络与竞争力或者创新绩效关系的研究，都难以形成一致的研究结果。这表明处于企业集群中的中小企业不是直接受益于外部网络的信息和知识，而是通过提升自身对外部信息与知识的吸收能力，再获取创新绩效，如图4－3所示。

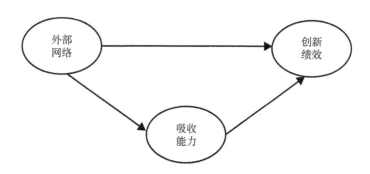

**图4－3　中介变量概念模型**

注：企业网络（伙伴关系网络或资助关系网络）通过影响吸收能力来影响企业创新绩效。

## 三、调节变量概念模型

调节变量（Moderator Variable）所要解释的是自变量在何种条件下会影响因变量。也就是说，当自变量与因变量的相关大小或正负方向受到其他因素的影响时，这个其他因素就是该自变量与因变量之间的调节变量。它界定了自变量和因变量之间关系的边界条件，既可以是质化形式的变量，也可以是量化形式的变量。当然，如果两变量的关系因第三因素而发生了方向性的改变，也可将这第三因素称为调节变量。调节效应（Moderating Effect）意味着两变量之间的因果关系随调节变量的取值不同而产生变化，对调节效应的测量和检验与自变量和调节变量的测量水平有关。处于企业集群中的中小企业不是自然地享用外部网络的信息和知识，必须通过自身能力去识别和吸纳，并最终转化为企业的创新绩效，如图4-4所示。

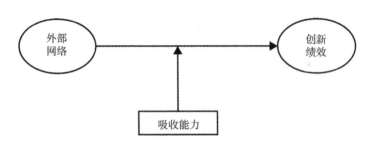

**图4-4　调节变量概念模型**

注：吸收能力影响企业网络（伙伴关系网络或资助关系网络）对企业创新绩效的作用强度。

# 第二节　变量关系论述及梳理

通过以上的文献回顾与归纳，本节重点探讨企业网络、吸收能力与企业创新绩效两两之间的关系，为下一章研究假设的提出做理论铺垫。

## 一、企业网络与企业创新绩效的关系

本书从企业嵌入的角度，分析用企业网络特征（结构特征、关系特征）

来衡量企业网络，以此研究企业外部网络与企业创新绩效的关系。自从 Burt
（1982）①把企业网络分为关系和位置（结构）两个维度和 Thorelli（1986）②
提出了对网络的质和量进行分类后，许多学者开始从这个角度来考察网络对
企业竞争力和创新绩效关系的研究。因此，企业外部网络与企业创新绩效之
间有正相关关系。下面基于网络特征（网络强度、网络规模和网络互惠度）
来分析外部网络与企业创新绩效的关系。

（一）企业外部网络强度与企业创新绩效的关系

企业外部网络的规模大小与企业创新绩效有直接的关系。也就是说，企
业与网络中其他成员的联系越频繁，企业可以获取重要信息、知识、技术市
场的机会就越多，企业在网络中的地位就会越高，这对企业形成竞争力和创
新绩效的提高有重要意义。Tichy 等（1979）③以社会网络的观点，将组织看
成是由各种不同关系所联结起来的物体，并认为网络特征中的联结强度对网
络中企业的竞争力有正的影响。张世勳（2002）④通过实证研究证明了外部网
络强度对企业产品、创新或财务对竞争力有显著的正相关关系。本书通过访
谈调查也发现了创新绩效越好的企业与其他成员的联系越频繁，与其他企业
联系越频繁的企业便是在不断发展壮大的企业。特别体现在与大学等科研机
构和银行等金融机构的联系强度上，因为随着规模扩大，需要与金融机构联
系（获取资金帮助和交易）、与科研机构联系（开发新生产机器和产品）等。
所以，企业外部网络强度与企业创新绩效之间有正相关关系。

（二）企业外部网络规模与企业创新绩效的关系

企业外部网络的规模大小与企业创新绩效有直接的关系。也就是说，规

---

① Burt, R. S.. Toward a Structural Theory of Action: Network Models of Social Structure, Perception
and Action [M]. New York: Academic Press, 1982: 126 – 135.

② Thorelli, H. B.. Networks: Between Markets and Hierarchies [J]. Strategic Management Journal,
1986, 7 (1): 37 – 51.

③ Tichy, N. M.. Tushman, M. L & C. F. Social Network Analysis for Organizations [J]. Academy of
Management Review, 1979, 35 (8): 1261 – 1289.

④ 张世勳. 地理群聚内厂商之网络关系对其竞争力影响之研究 [D]. 中国台湾朝阳科技大学
硕士学位论文, 2002 (4).

模越大，意味着产业中企业数量越多，企业的上下游、同行企业和资助机构也越多，企业从网络中获取信息与资源的机会也就越多，这有利于企业获取新的技术、知识、信息，拓宽企业的销售渠道等，企业的创新绩效自然也有提高。Tichy 等人（1979）[①]以社会网络的观点，将组织看成是由各种不同关系所联结起来的物体，并认为网络特征中网络规模对网络中企业的竞争优势有正的影响。熊瑞梅（1993）[②]通过实证检验了外部网络大小、密度、范围和集中性都对企业竞争力有显著的影响。本书通过访谈调查，发现绩效越好的企业与其他成员的联系的数量越多，与其他企业联系的数量越多的企业便是在不断发展壮大的企业。特别体现在与大学等科研机构和银行等金融机构的联系数量上，因为随着规模扩大，需要与金融机构联系（获取资金帮助和交易）、与科研机构联系（开发新生产机器和产品）等。所以，企业外部网络规模与企业创新绩效之间有正相关关系。

（三）企业外部网络互惠度与企业创新绩效的关系

企业外部网络互惠度与企业创新绩效有直接的关系。企业网络互惠度是衡量企业在网络中处于什么样地位的一个重要指标。企业互惠度越高，便意味着企业与网络中企业成员的相互依赖程度越强，以此企业便拥有对其他成员潜在的更大控制力、更多的资源、更快的资源流和更容易获得信息以及对信息进行升级，越能为企业获取高绩效创造机会（Tsai，2006）。[③]互惠度越高，企业获取联结点上的信息和知识的有用性也得到保障，这意味企业能够把握机会的能力越高，这也是企业吸收能力越高的体现，企业创新绩效也自然会越高。张世勳（2002）[④]的研究也证实了互惠度对企业财务和创新绩效有

① Tichy, N. M., Tushman, M. L & C. F.. Social Network Analysis for Organizations [J]. Academy of Management Review, 1979, 35 (8)：1261 –1289.

② 熊瑞梅. 社会网络的资料搜集、测量及分析方法的检讨 [C]. 社会科学研究方法检讨与前瞻科技讨论会，"中央研究院"民族学研究所，1993.

③ Tsai, Y. C.. Effect of Social Capital and Absorptive Capability on Innovation in Internet Marketing [J]. International Journal of Management, 2006, 23 (1)：157 –166.

④ 张世勳. 地理群聚内厂商之网络关系对其竞争力影响之研究 [D]. 中国台湾朝阳科技大学硕士学位论文，2002 (4).

正相关关系。通过访谈调查，也发现绩效越好的企业与其他成员的相互依赖性和重要性越大，与其他成员的相互依赖和重要性越大的企业就是在这个集群网络中稳得住脚、不断发展壮大的企业。特别体现在与大学等科研机构和银行等金融机构的相互依赖上，因为随着规模扩大，需要与金融机构联系（获取资金帮助和交易）、与科研机构联系（开发新生产机器和产品）等。所以，企业外部网络互惠度与企业创新绩效之间有正相关关系。

## 二、企业网络与吸收能力的关系

企业外部网络是企业获取所需信息和知识的一种重要途径，是企业保持不断创新和发展的重要保障。企业外部网络是企业所拥有的一种潜在的资源，它必须通过企业吸收能力才能最终转化为企业创新绩效和收益。根据资源基础学派和能力学派的观点划分，本书认为资源是能力提高的基本保障，没有资源，能力再好也形成不了绩效；能力是资源获取和增强的支撑，没有好的吸收、消化和整合能力，再好的资源都很难发挥作用，并最终转化为企业创新绩效和收益。

企业外部网络强度越大，越容易获得信息以及对信息进行升级。而互惠度越高企业对新知识和信息的获取和吸收就更加便利，更有利于企业的发展（Gulati，1998）。[1]企业进行创新活动都是在"干中学"中完成和完善的，也就是企业与其他网络成员的联结中通过学习、模仿和创造新技术来实现企业的创新。可见，企业网络中成员联系的强度和互惠度对于创新能力的培育多重要，企业也是在网络中慢慢打拼磨炼出自己的能力。总之，网络嵌入（包括强度、规模、密度等）对组织吸收能力和创新绩效都有积极影响（Ferrier，1999）。[2]通过访谈调查，也发现绩效越好的企业，它所拥有的高技术人员和高学历人员越多，企业对外部网络知识和信息的敏感性和吸收性就越强。特

---

① Gulati, R.. Alliances & Networks [J]. Strategic Management Journal. 1998, 19（1）: 293 - 317.

② Ferrier, W. Smith, K. G. & Grimm, C.. The Role of Competitive Action in Market Share Erosion and Industry Dethronement: a Study of Industry Leaders and Challengers [J]. Academy of Management Journal, 1999（42）: 372 - 388.

别体现在与大学等科研机构和银行等金融机构的相互依赖上，因为随着规模扩大，需要与金融机构联系（获取资金帮助和交易）、与科研机构联系（开发新生产机器和产品和技术人才引进）等。所以，企业外部网络与企业吸收能力之间有正相关关系。包括企业外部网络强度与吸收能力之间有正相关关系；企业外部网络规模与吸收能力之间有正相关关系；企业外部网络互惠度与吸收能力之间有正相关关系。

## 三、吸收能力与企业创新绩效的关系

吸收能力指企业识别外部技术知识、市场信息、相关政策的价值，消化并整合内部资源和信息，并最终将之应用于商业化目的以获得收益的动态能力（Bettis & Hitt，1995）。[1]吸收能力和组织学习密切相关，而创新又是组织学习的产物，所以吸收能力与企业创新绩效之间存在着一定逻辑上的因果关系（Lane & Lubatkin，1998）。[2]很多研究都表明，吸收能力能够促进企业的知识、信息和技术转移，有助于产品和工艺的创新，从而提高企业的创新绩效。对于在不同行业和不同地区中，吸收能力的作用也是非常重要的。Lane 等（2001）研究高科技企业的技术转移时发现，企业技术能力的强弱是影响技术转移绩效的重要原因，指出吸收能力有助于企业成功地实现科技转移，并强调吸收能力对于企业创新的重要性。[3]

总体来说，企业的吸收能力是造成企业创新绩效差异的重要原因，而造成这一现象的原因很多，比如企业拥有的资源条件不同等，但是吸收能力的差异无疑也是影响企业创新绩效的重要原因。创新的开展越来越强调企业与外界的互动以及企业内各部门之间的交互作用，其过程的本质就是一个有效整合企业内外部资源的过程。而在文献回顾中，多数研究认为吸收能力和企

---

① Bettis, R. A. & Hitt, M.. The New Competitive Landscape [J]. Strategic Management Review, 1995, (16): 7 - 20.

② Lane, P. J. & Lubatkin, M.. Relative Absorptive Capacity and Inter - organizational Learning [J]. Strategic Management Journal, 1998 (19): 461 -477.

③ Lane, P. J. Salk, J. E. & Lyles, M.. A.. Absorptive Capacity, Learning, and Performance in International Joint Ventures [J]. Strategic Management Journal, 2001 (22): 1139 -1161.

业产出之间存在显著的正向关系。所以，企业吸收能力与企业创新绩效之间有正相关关系。

# 第三节 研究假设提出与说明

企业创新过程与知识的获取、转移、整合、创造和应用是紧密相联的，因此吸收能力在其间所起的重要作用不言而喻。Jansen 和 Bosch（2005）[1]认为当市场机会出现时，发展合适能力的企业更有可能应对这些变化，然而那些并不具备合适组织能力的企业就不能轻易地调整自己的行为。因此，吸收能力在很多有关创新的研究中被认为是关键变量。但是学者们对于吸收能力对创新的作用存在争论，有些学者认为吸收能力在企业创新过程中起直接作用，有些学者认为吸收能力对企业创新绩效起到调节的作用；而另一些学者则认为吸收能力在外部网络与企业创新绩效之间起中介的作用。

## 一、吸收能力在企业网络和创新绩效之间起中介作用

综观前面的文献综述，对于企业外部网络特征与创新绩效或企业竞争的关系、吸收能力与创新网络关系和外部网络与吸收能力关系的研究都很多。大部分的文献也都证实了它们之间都存在正相关关系，但是，企业网络资本不是直接影响企业的技术创新绩效，而是通过吸收能力作为中介作用来间接促进企业技术创新（Liao et al.，2007；Liu & Chen，2009）。[2][3]根据这些结论，

---

① Jansen & Bosch. Managing Potential and Realized Absorptive Capacity: How Do Organizational Antecedents Matter? [J] Academy of Management Journal, 2005, 48 (6): 999.

② Liao, S. H., Fei, W. C. & Chen, C. C.. Knowledge Sharing, Absorptive Capability, and Innovation Capability: An Empirical Study of Chinese Taiwan's Knowledge – Intensive Industries [J]. Journal of Information Science, 2007 (6): 340 – 359.

③ Liu, H. J. & Chen, C. M.. Corporate Organizational Capital, Strategic Proactiveness and Firm Performance: An empirical Research on Chinese firms [J]. Frontiers of Business Research in China, 2009 (3): 1 – 26.

很明显，吸收能力在企业外部网络和创新绩效之间应该存在着中介的作用。也就是说，企业网络特征通过影响吸收能力来影响企业的创新绩效。Tsai（2006）[1]对212家中国台湾商店进行网上问卷调查研究，从关系嵌入和结构嵌入衡量企业外部网络，分析和研究了不同的吸收能力在企业外部网络对创新绩效影响中所起的作用。结果表明：吸收能力在外部网络与企业创新绩效中起中介和调节作用。进一步分析发现结构嵌入——集中性、密度和位置对等性对企业创新绩效都有显著正向作用；而关系嵌入——客户与客户关系、客户与网络关系强度对企业创新绩效却没影响。基于探索吸收能力在商业网络与产品创新关系之间所起的作用，Shu等（2005）[2]以中国台湾116家信息技术行业企业为样本进行实证研究，得出了吸收能力起中介作用的相同结论。韦影（2007）[3]则把企业社会资本分为结构、关系和认知维度，采用中国内地企业数据进行分析，研究发现，吸收能力在社会资本各维度与企业技术创新绩效之间都起中介作用。

吸收能力在外部网络与创新绩效中存在重要的作用，是一种桥梁作用。也就是说，企业通过对外部网络有价值知识和信息的吸收、消化和应用，最终转化为新产品和服务，获取企业创新绩效。所以，吸收能力在企业外部网络和创新绩效之间起中介作用。

## 二、吸收能力在企业网络和创新绩效之间起调节作用

虽然外部网络中布满新信息和新知识，但本地企业能否利用好这些网络资源实现技术创新并获取好绩效，在某种程度上应取决于当地企业对这些知识的吸收情况。所以，在考虑吸收能力如何促进企业技术创新方面，很多学

---

① Tsai, Y. C.. Effect of Social Capital and Absorptive Capability on Innovation in Internet Marketing [J]. International Journal of Management, 2006, 23 (1): 157 - 166.

② Shu, S. T., Wong, V. & Lee, N. The Effects of External Linkages on New Product Innovativeness: An Examination of Moderating and Mediating Influences, Journal of Strategic Marketing, 2005 (9): 199 - 218.

③ 韦影. 企业社会资本与技术创新：基于吸收能力的实证研究 [J]. 中国工业经济, 2007, (9): 119 - 127.

者倾向于认为吸收能力会对企业技术创新起调节作用（Wu et al.，2007）。[1] Cohen 和 Levinthal（1990）[2]首先提出吸收能力作为调节变量的概念模型，这个模型最重要的特征是吸收能力决定了企业利用外部知识的程度。他们认为具有强吸收能力的企业能在相同存量的知识溢出中获得更大的收益，并把这种效应称为"吸收能力的调节作用"。所以，他们认为通过这种调节作用，吸收能力影响技术知识的应用效果。另外，他们还认为，企业自身的研发活动不仅产生创新性的新知识，从竞争者以及产业内部知识源（如政府、大学等科研机构等）获得的知识也是企业知识的主要来源。此后，把吸收能力作为调节变量来研究企业网络与创新绩效的关系越来越受到重视。

Zaheer 和 Bell（2005）[3]指出，吸收能力在知识溢出和技术创新绩效之间扮演了双重作用，首先，企业具备吸收能力的水平更高，企业更能意识到知识溢出的存在和重要性，以此理解竞争者推出新产品中的信息；其次，每家企业在知识溢出中确定和辨别有用信息的能力依赖其吸收能力，企业具备的吸收能力越强，其越能有效地利用外部知识，更好地与内部产生知识流融合，从而提升技术创新绩效。另外，通过比较来自陕西西安和广东惠州 174 家企业的数据，Gao 等（2008）[4]综合考虑外商直接投资和本地企业网络对企业技术创新的影响中发现，吸收能力在企业外部网络与技术创新绩效中起调节作用。Escribano 和 Fosfuri（2005）[5]把吸收能力作为调节变量，说明了企业网络强度、位置和规模对企业创新绩效有正面的影响。因此，他们认为具有强吸收能力的企业能在相同存量的知识溢出中获得更大的价值，并把这种效应称为"吸收能力的调节作用"。

---

① Wu, S. H. , Lin, L. Y. , & Hsu, M. Y. . Intellectual Capital, Dynamic Capabilities and Innovative Performance of Organizations, International［J］. Journal of Technology Management, 2007 (3)：279－296.

② Cohen, J. & Levinthal, D. A. . Absorptive Capacity：A New Perspective on Learning and Innovation［J］. Administrative Science Quarterly, 1990, 35 (1)：128－152.

③ Zaheer, A. & Bell, G. G. . Benefiting from Network Position：Firm Capabilities, Structural Holes, and Performance［J］. Strategic Management Journal, 2005 (2)：809－825.

④ Gao, S. X. , Xu, K. & Yang, J. J. . Managerial Ties, Absorptive Capacity, and Innovation［J］. Asia Pacific Journal Management, 2008, 23 (9)：395－412.

⑤ Escribano, A. & Fosfuri, A. . Managing External Knowledge Flows：The Moderating Role of Absorptive Capacity［J］. Research Policy, 2009, 38 (1).

本研究认为吸收能力在外部网络与创新绩效之间存在重要的作用，是一种相互共同的作用。也就是说，企业通过与外部网络有价值知识和信息的相互作用，最终转化为新产品和服务，获取企业创新绩效。所以，吸收能力在企业外部网络和创新绩效之间起调节作用。

## 三、研究假设提出

吸收能力可能在企业外部网络和创新绩效之间起作用。虽然外部网络给企业提供了重要的新知识和信息，但是它对创新绩效的影响可能在一定程度上依赖或取决于企业本身对这些新知识和信息的吸收能力。企业在网络中越活跃、越多能获取这些新知识和信息的机会，也就越需要吸收能力来获取这些知识和信息。所以，外部网络与吸收能力的共同作用或者外部网络通过吸收能力对创新绩效的影响，对企业获取和消化新知识和信息并最终转化为绩效起重要作用。企业如果没有同时考虑外部网络和吸收能力的作用，它们将获取不到来自外界新知识和信息的收益（Hansen，1999）。①结合上面对外部网络与创新绩效的关系、外部网络与吸收能力的关系、吸收能力与创新绩效关系和吸收能力作用的讨论和分析，并且结合本研究对象的实际情况，本书提出了以下两个研究假设：

假设1：吸收能力在企业外部网络与企业创新绩效的关系中起调节作用。在企业吸收能力比较强的情况下，企业外部网络对企业创新绩效的影响会更大；反之，则更小。

假设2：吸收能力在企业外部网络与企业创新绩效的关系中起中介作用。企业外部网络是通过影响吸收能力来影响企业创新绩效的。

另外，根据对汕头花边内衣行业的深度访谈和其他两个行业的实地调查，发现网络中的企业与它们的上游企业、下游企业、同行企业和其他相关企业的来往比较频繁，而与政府部门、行业协会、大学等科研机构和银行等中介

---

① Hansen, M. T.. The Search – transfer Problem: The Role of Weak Ties in Sharing Knowledge Across Organization Subunits [J]. Administrative Science Quarterly, 1999, 44 (1): 82 –112.

机构的来往较少。把它们分开并对其分别予以讨论分析显得很有意义。但是，也不能认为比较频繁的联系就是对企业创新绩效有好的作用；比较少的联系就没有作用。一些大的企业如四海集团，它经常与上面八种对象保持联系，比较小的企业如润强花边，也经常与上面八种对象都有联系。但是对于大部分中小企业来往的对象来说还是有区别的。所以，本研究认为有必要根据网络合作的对象的不同来分别研究吸收能力在外部网络强度、规模和互惠度与创新绩效中所起的作用有何不同。

根据对网络合作对象的不同，可以把企业网络分为垂直型的企业网络（与中小企业形成上游关系的供应商以及与下游关系客户之间的合作网络）、水平型的企业网络（与中小企业与大学、研究机构、政府、行业协会、其他相关企业或者同行企业之间形成的网络）、混合型企业网络（同时包括垂直与水平关系的合作网络）。另外，Lee 和 Lee（2001）[①]根据研究对象的具体情况，把企业外部网络分为双边关系的伙伴型联结网络（包括其他企业、供应商、顾客、大学科研机构和行业协会等）与单边关系的资助型联结网络（政府和其他组织、供应商等）。本研究认为，伙伴关系不是一种简单的双向的关系，是从关系的性质和联系的强弱程度来考虑的。把外部网络分为伙伴型网络（Partnership - based Network）：指与企业来往对象中的上游企业、下游企业、同行企业和其他相关企业所构成的网络联结；资助关系网络（Sponsorship - based Network）：指与企业来往对象中的政府部门、行业协会、大学等科研机构和银行等金融机构所构成的网络联结。

所以，本书提出了另外 4 个假设：

假设 3：吸收能力在企业伙伴关系网络与企业创新绩效的关系中起调节作用。也就是说，在企业吸收能力比较强的情况下，企业伙伴关系网络对企业创新绩效的影响会更大；反之，则更小。

假设 4：吸收能力在企业伙伴关系网络与企业创新绩效的关系中起中介作用。也就是说，企业伙伴关系网络是通过影响吸收能力来影响企业创新绩

---

① Lee, C. & Lee, K.. Internal Capabilities, External Networks, and Performance: A Study on Technology - based Ventures [J]. Strategic Management Journal, 2001, 22（1）: 615 - 640.

效的。

假设 5：吸收能力在企业资助关系网络与企业创新绩效的关系中起调节作用。也就是说，在企业吸收能力比较强的情况下，企业资助关系网络对企业创新绩效的影响会更大；反之，则更小。

假设 6：吸收能力在企业资助关系网络与企业创新绩效的关系中起中介作用。也就是说，企业资助关系网络是通过影响吸收能力来影响企业创新绩效的。

## 四、研究模型指标解释

关于模型中变量具体衡量指标的解释，本书将做详细说明。对于企业外部网络，本书用企业外部网络特征来衡量，而外部网络特征包括网络强度、网络规模和网络互惠度。企业网络强度：本书通过企业与外界网络成员联系的频繁程度来衡量。企业网络规模：本书通过企业与外界网络成员联系的频繁程度来衡量。这两个变量下面包括 8 个题项，分别是企业与客户、供应商、同行企业、其他相关企业、政府部门、行业协会、大学等科研机构和银行等金融机构的联系。企业网络互惠度：本书用企业和与企业来往的网络对象相互依赖程度来衡量。这个变量包括 16 个题项，分别是企业与客户、供应商、同行企业、其他相关企业、政府部门、行业协会、大学等科研机构和银行等金融机构的相互依赖程度的情况。吸收能力和企业创新绩效分别包括 7 个题项和 6 个题项，具体的衡量指标见表 4-1 或附录一的问卷。对于每个题项，本书均采用 Likert 七点量表打分法，从最低到最高分别以"1"到"7"进行打分。

更具体的测量方法，本书在下面还会做详细介绍。表 4-1 也列出了更为详细的模型指标解释和量表来源的情况。

**表 4 - 1　本研究相关指标定义和说明**

| 指标名称 | 各类指标简称 | 各类指标说明衡量条目 | 量表来源 |
|---|---|---|---|
| 企业网络<br>（网络特征） | 网络强度 | 企业与 8 种网络对象（上下游、同行、政府等）联系的频繁程度 | 张世勤（2002）；<br>Thorelli（1986） |
| | 网络规模 | 企业与 8 种网络对象（上下游、同行、政府等）联系的数量情况 | |
| | 网络互惠度 | 对于 8 种网络对象，企业和与来往的网络对象（上下游、同行、政府等）的相互依赖程度 | |
| 吸收能力 | | 企业能够理解已获得的有用知识和信息、识别其对现有知识的用途，并用于工艺创新、新产品开发等方面 | Jansen 和 Bosch（2005）；<br>Wong 和 Show（1999） |
| 企业创新绩效 | | 企业的新产品开发数量、申请的专利数量、新产品开发速度、成功率以及新产品产值占销售总额比重和相对于竞争对手的创新水平 | Cooke 和 Clifton（2002）① |

# 本章小结

　　本章通过对研究理论基础的提出和阐述，构建吸收能力为中介变量和调节变量的概念模型。在此基础上，对三个主要变量关系的说明和探讨：企业外部网络与创新绩效、企业外部网络与吸收能力、吸收能力与创新绩效。最后，在此三者关系确定基础上针对吸收能力在企业外部网络与创新绩效之间起何作用提出本研究的六个假设。另外，本章对本研究中涉及的变量指标进行解释，为下面实证检验打下基础。

---

　　① Cooke & Clifton. Social Capital and Small Medium Enterprise Performance in the United Kingdom [R]. Paper Prepared for Workshop on Entrepreneurship in the Modern Space - Economy：Evolutionary and Policy Perspectives, 2002.

# 第五章 研究设计与数据说明

为了保证基于概念模型的实证研究的真实性和有效性，本章将具体阐述本研究的问卷设计、问卷发放和回收、变量解释以及样本的统计计量分析。为验证研究假设，本书在前人研究成果的基础上，结合对企业深度访谈来设计调查问卷，经发放问卷、问卷回收获得数据，对本研究的相关变量进行信度和效度测量。

## 第一节 问卷的设计与数据的收集

本研究对象是中小企业集群中的企业，属于企业层面的研究，很多数据无法从年鉴或者公开资料中获得，所以本书采取了问卷调查结合深度访谈的方式来收集所需要的第一手资料和数据。

### 一、问卷设计

单个题项一般只能度量范围比较狭窄的概念，而本研究测量复杂的企业网络现象，所以需要设计多个题项。同时，只要变量的测量题项具有一致性，多个题项比单个题项更能提高信度。许多学者建议题项测量应采取以下流程：通过文献回顾和与企业界的调查访谈形成题项；与学术界专家讨论；与企业界专家讨论；通过预测题进行修正，完成定稿。所以，本研究的问卷设计经历了以下阶段：大量阅读国内外有关企业资源能力、企业网络、吸收能力以及企业创新绩效的文献，并结合本研究采用通过外部能力的视角，设计相关题项；征求商学院其他老师和同学的意见，形成修改稿；对潮南峡山若干集群内中小企业进行调研时，与 20 多家企业的老总或部门经理进行深度交谈，征求他们对本研究重要问题的意见；将问卷在这 20 多家企业发放，进行预测试，根据他们的反馈意见和建议，对一些测量题项的语言和表达方式进一步调整，在此基础上形成问卷调查最终稿，详见附录 1。

调查问卷包括填空题和选择题，相应的是企业的基本情况和主体部分。主体部分采用封闭式问答，采用 Likert 七点量表法来表示，而每个题项中用中等长度的句子表示，符合 Lee 和 Lee（2001）①的建议。此外，按照他的建议，为了避免一致性动机问题，本书在问卷设计中，并没有明确题项所度量的变量。

总之，本书参考了已有的研究成果以及产业的特点设计出初步的问卷条款。然后，就问卷基本问题和提问方式征求了汕头大学商学院 20 多位师生的意见并进行试调查。之后，本书先对调查对象中的 20 家企业进行问卷评测，根据他们的反馈意见和实际行业的情况对测量条款和表述方式进行了调整，以此确定了最后问卷，最大可能保证了研究测量量表的效度。

## 二、数据收集情况

本研究采用直接向企业发放调查问卷和部分进行深度访谈的方式收集数据。问卷的发放和回收基本上都是通过直接进行来完成的，对行业的了解主要通过深度访谈来完成，也有从媒体报道间接获得行业信息。

问卷首先以小样本（20 份）在汕头峡山和谷饶镇发放，预试问卷设计的合理性和行业具体情况。通过问卷回收和访谈情况对问卷进行修改，包括企业相关人员、商学院老师和研究生同学的意见，最后定稿。对于问卷的具体发放情况，在第一章研究方法中有讲到。本次问卷调查的对象是位于潮汕的汕头花边内衣行业、汕头金平区包装印刷行业和潮州不锈钢行业三个网络集群行业的企业。

---

① Lee, C. & Lee, K.. Internal Capabilities, External Networks, and Performance: A Study on Technology – based Ventures [J]. Strategic Management Journal, 2001, 22 (1): 615 – 640.

对于花边内衣行业，由于作者之一近一年来经常从事汕头花边内衣行业的英语口语翻译兼职工作，在本行业所在的 5 个内衣名镇来回至少 50 遍，对本地区和本行业情况也有了较深的了解，也结识了这个行业许多企业的老总或主要负责人，问卷调查和深度访谈也进行得很顺利，得到了他们的大力支持和协助。另外，对于其他两个行业也是通过问卷加访谈形式调查，得到了当地企业家和朋友的大力支持和协助。根据上面的方法进行了研究，基于他们都是本地人或主要工作人员的原因，调查开展得也很成功，结果也可信。

（一）调查问卷的发放和回收情况

总问卷发放总共 363 份（335 份打印 + 28 份深度访谈），访谈问卷的回收合格率 100%，并作为后面案例分析的依据。回收问卷总数 265 份，回收率 73%；有效问卷 224 份，有效问卷率 61.71%；其中填写不完整或作者有选择地（如全部题项都选同一个选项）进行网络和电话符合信息不正确有 41 份，占问卷总数 11.29%。具体情况和信息见表 5 - 1。

表 5 - 1 调查问卷发放和回收情况统计表

| 类别 | | 问卷份数 | | | | 比例（%） |
|---|---|---|---|---|---|---|
| | | 花边内衣 | 不锈钢 | 包装印刷 | 总份数 | |
| 发出问卷 | 深度访谈 | 21 | 4 | 3 | 28 | 100 |
| | 打印版问卷 | 200 | 80 | 32 | 335 | |
| | 回收总问卷 | 167 | 68 | 30 | 265 | 73.24 |
| 无效问卷 | 企业不符合或填写不完整 | 10 | 9 | 2 | 21 | 11.29 |
| | 问卷电话符合信息不正确 | 14 | 6 | 0 | 20 | |
| | 有效问卷 | 143 | 53 | 28 | 224 | 61.71 |

（二）样本基本资料统计情况

本书问卷的调查对象很多都是有亲戚关系、客户关系或者代理关系，所以他们一般都很认真地对待问卷和访谈，有 80% 以上的企业留有企业名单和联系方式，大部分是电话。对于问卷的填写者，本书都是找对该企业各方面情况和行业情况比较了解的企业人员，最好是企业主要负责人（董事长、总经理、厂长或老板），但是对于这三个行业的具体情况，基本上全部的企业都是家族企业，老总如果没特别的关系很难接受问卷调查（时间、专业知识等问题）。虽然20多个访谈都是由老总完成的，但是，他们身边的助理、助手或者秘书都是有很强行业知识的能手，一般跟在老总身边，所以对企业和行业情况也很了解（这是这个地区的经营文化）；企业的副总或者部门经理一般都是老总的亲戚（弟弟妹妹）或好朋友，所以基本上也对企业和行业情况很了解；企业主要员工或负责人在本行业工作的年限一般都是比该企业成立的年限要长，所以他们也对行业和企业的情况很了解。因此，本研究的调查信息是可信的。

对于本研究的三个控制变量：员工人数、企业成立年限和行业类型。员工人数，本书通过预调查和访谈知道大部分企业都处于100人左右的规模，100人以下的企业相对更多，根据样本统计如下，多于100人的企业占35.27%，所以本书把100作为变量的分界值；企业成立年限方面，本书先对样本进行研究，得出企业成立年限的平均值为9.23年，所以本书把大于9年占42.86%进行控制。行业类型方面，因为花边和内衣行业相对其他两个行业，产业链比较长，行业内企业也比其他两个行业多，它们辐射的区域也比其他两个行业大；而不锈钢和包装印刷虽然处于不同的两个市，但是它们地理位置接近，网络规模也相近，都是集中在一个镇或者区内，很少对其他地区进行辐射，所以本书对不同特点的行业进行控制。具体情况见表5-2。

表5-2　企业基本情况统计表

| 统计内容 | 分类标准 | 样本数 | 比例 | 备注 |
|---|---|---|---|---|
| 员工人数 | 小于或等于100人 | 145 | 64.73% | （1）填问卷者30%为总经理助理或秘书；30%为总经理或董事长；30%为副总经理或部门经理；10%为主要负责人。 |
| | 多于100人 | 79 | 35.27% | |
| 成立年限 | 小于或等于9年 | 128 | 57.14% | （2）80%以上的企业有留名和联系方式。 |
| | 大于9年 | 96 | 42.86% | |
| 行业类型 | 不是花边内衣行业 | 81 | 36.16% | （3）全部受访企业成立年限都大于3年。 |
| | 花边内衣行业 | 143 | 63.84% | |

# 第二节　变量的测定

计量经济学回归分析测量的变量包括因变量（被解释变量）、自变量（解释变量）、控制变量等，基于以上概念模型中变量的界定以及问卷数据的收集，本节将对实证研究所涉及的变量进行解释、界定和量化。

## 一、被解释变量的测定

企业拥有低成本优势或差异化，有时两种基本竞争优势是企业立足于市场的关键（Powell & Koput，1996）。[①]每个企业都是独特资源和能力的结合体，企业战略选择必须最大限度地有利于培植和发展企业的战略资源，使这些资源具有独特的异质性，难以替代和模仿，并由此可能产生持续竞争优势（Stock et al.，2001）。[②]而企业这些竞争优势取决于企业组织结构、战略管理、以市场为导向的营销管理、实物与价值形态的管理，以及人力资本的管理（Global Competitiveness Report，1997）。

作为创新成果的企业创新绩效是企业不断发展的体现，在某种意义上说便是企业竞争优势的一个最终体现，是企业经营与发展的目标，是衡量企业综合发展效果和效率的重要指标。譬如，一个国家或者一个城市的绩效便可以用该国或者该市在一定时间内的国民生产总值（GDP）来衡量，而 GDP 的增长与新技术和新产品的开发和销售有很强相关性。所以，创新绩效在一定程度上也是企业总体绩效好坏的体现，是企业生存与持续发展的生命线。

对于创新绩效的测度到目前尚未形成一致公认的指标衡量体系。研究者

---

① Powell, W. K. & Koput, W.. Inter – organizational Collaboration and the Locus of Innovation: Networks of Learning in Biotechnology [J]. Administrative Science Quarterly, 1996 (41): 116 – 145.

② Stock, G. N., Greis, N. P. & Fischer, W. A.. Absorptive Capacity and New Product Development [J]. Journal of High Technology Management Research, 2001 (12): 77 – 91.

们通常结合样本特征、企业主营业务所处产业、企业所处国家等方面的因素，根据研究的需要选取指标来度量创新绩效。许多研究采用单指标，如研发投入情况、申请专利情况或新产品开发情况等来测度。Hagedoom 和 Cloodt（2003）①以四个高技术产业中近 1200 个国际企业作为样本，采用研发投入、申请专利情况、引用的专利数和新产品开发情况四项指标来测度创新绩效，他们的研究发现这些指标之间存在统计上的重叠，并建议仅用这些指标中的任意一项就可以较好度量高技术企业的创新绩效。尽管如此，他们所采用的指标数据均来自于公开的资料或者大型数据库，而非通过向企业发放调查问卷所获得的数据。在我国，当前还很少有公开资料或者数据库能够用来测度企业的创新绩效，而且 Hagedoom 和 Cloodt 研究的样本均为高技术企业，所采用的指标均为度量创新的效益（嵇登科，2006）。②而本研究的样本包括花边内衣、不锈钢和包装印刷等产业，这些企业在一年之内的新产品开发数量和专利申请数量以及新产品销售一般较少，创新效益也远远低于发达国家的企业。因此，本书仍然采用多题项的指标测度体系来度量企业的创新绩效。

许多研究采用新产品开发数量来衡量创新绩效（Cooke & Clifton，2002；张方华，2004）。③④但是 Devinney（1993）⑤发现，在企业层面专利数能解释新产品数的方差仅不到 3%。Fleming 和 Sorenson（2001）⑥也发现，专利数作为测量创新绩效的指标存在一些缺陷。专利数和新产品数之间的正相关关系仅在产业层面而非耽搁企业层面的研究中得以证实。尽管如此，专利数作为测量企业创新绩效最合适的指标之一仍为大量的相关文献采用。Arundel 和

① Hagedoom, J. & Cloodt, M.. Measuring Performances: Is There an Advantage in Using Multiple Indicators? [J]. Research Policy, 2003, (32): 1365 –1379.

② 嵇登科. 企业网络对企业技术创新绩效的影响研究 [D]. 浙江大学硕士学位论文, 2006 (4).

③ Cooke & Clifton. Social Capital and Small Medium Enterprise Performance in the United Kingdom [R]. Paper Prepared for Workshop on Entrepreneurship in the Modern Space – Economy: Evolutionary and Policy Perspectives, 2002.

④ 张方华. 企业的社会资本与技术合作 [J]. 科研管理, 2004, 25 (2): 31 –36.

⑤ Devinney. How Well Do Patents Measure New Product Activity [J]. Economics Letters, 1993, 41 (4): 447 –450.

⑥ Fleming, L & Sorenson, O.. Technology as a Complex Adaptive System: Evidence from Patent Data [J]. Research Policy, 2001 (8): 1019 –1039.

Kabla（1998）①进一步指出，专利数指标使用高技术企业创新绩效的测量。Brouwer 和 Kleinknecht（1996）②也发现专利和新产品产值占销售总额的比重之间存在一定程度上的相关性，而后者正是测量创新绩效常用的指标之一。

综合上面研究，本书从创新效率和创新效益两个方面来测量企业的创新绩效。一共采用六个题项，每个题项均采用 Likert 七点量表，这些问题如下：过去三年间平均的情况和趋势：①公司新产品开发数量很突出；②公司的新产品开发数量比其他同行企业突出；③公司新产品开发速度很快；④公司新产品开发速度比其他同行企业快；⑤公司新产品产值占销售总额比重很高；⑥公司新产品产值占销售总额比其他同行企业高。

## 二、解释变量的测定

企业外部网络特征包括网络强度、规模和互惠度，是本研究的解释变量。下面本书把企业外部网络特征进行具体阐述。

企业外部网络联系为企业带来信息收益，企业与外部网络成员之间联系的频率，反映了双方的重复交换程度（McFadyen & Cannella, 2004）。③Thorelli（1986）④首先把外部网络特征分为质（网络强度）和量（网络规模），并且他用企业与其他网络成员联系的频繁程度来衡量网络强度；用与企业联系的网络成员数量来衡量网络规模。对于网络强度和网络规模的这个衡量也得到了后来很多学者的认同（熊瑞梅，1993）。⑤所以本研究用企业与

① Arundel, A. & Kabla, I.. What Percentage of Innovations are Patented? Empirical Estimates for European firms [J]. Research Policy, 1998 (2)：127 – 141.

② Brouwer, E. & Kleinknecht, A.. Firm Size, Small Business Presence and Sales in Innovative Products：A Micro – econometric Analysis [J]. Small Business Economics, 1996, 8 (3)：189 – 201.

③ McFadyen, M. A. & Cannella, A. A.. Social Capital and Knowledge Creation：Diminishing Returns of the Number and Strength of Exchange Relationships [J]. Academy of Management Journal, 2004, 47 (5)：735 – 746.

④ Thorelli, H. B.. Networks：Between Markets and Hierarchies [J]. Strategic Management Journal, 1986, 7 (1)：37 – 51.

⑤ 熊瑞梅. 社会网络的资料搜集、测量及分析方法的检讨 [C]. 社会科学研究方法检讨与前瞻科技讨论会，"中央研究院" 民族学研究所，1993.

来往的八个网络对象的频繁程度来衡量网络强度；用企业与来往的八个网络对象的数量来衡量网络规模（具体条目见附录调查问卷）。

对于网络互惠度的研究和衡量是 Tichy 等人（1979）[1]首先提出来的。他们从外部网络的八个方面来考虑，网络规模、网络强度、网络互惠度等来衡量外部网络，并且都给出了衡量的标准。其中，他们用网络成员彼此间的依赖程度是否对等来衡量网络互惠度。总之，本研究参考 Thorelli（1986）对网络特征质和量的区分，张世勳（2002）采用网络规模（量）、网络强度和互惠度（质）对企业外部网络进行测量。所以，本研究用企业与网络成员彼此间的依赖程度来衡量网络互惠度，具体说就是企业与来往的八个网络对象的相互依赖程度来衡量，总共有 16 个条目（具体条目见附录调查问卷）。

综合前面文献综述的讨论，网络强度、网络规模和网络互惠度与企业创新绩效之间都存在正相关关系。本研究的假设也认为企业网络这三方面的特征对企业创新绩效都有正向作用，所以在衡量外部网络或网络特征时是综合上面三种特征考虑，本研究把它们标准化处理成一个单一的因子，具体见下面信度和效度衡量表。对于伙伴型关系网络和资助型关系网络的测定，是从企业网络的测定中分离出来的。

## 三、中介或调节变量的测定

本研究中用吸收能力来作为概念模型中的中介变量和调节变量，它在企业网络各特征与创新绩效之间关系中将产生影响。很多这方面研究中，对吸收能力测量的指标体系很多，学术界也没有达成统一的衡量标准。总的来说，对吸收能力的测度可以分为两种：第一种是从结果的角度来测度吸收能力，如研发投入占销售收入的比例（Stock et al.，2001）、[2]专利申请情况（Mow-

---

① Tichy, N. M., Tushman, M. L & C. F.. Social Network Analysis for Organizations [J]. Academy of Management Review, 1979, 35（8）: 1261 – 1289.

② Stock, G. N., Greis, N. P. & Fischer, W. A.. Absorptive Capacity and New Product Development [J]. Journal of High Technology Management Research, 2001（12）: 77 – 91.

ery & Oxley, 1995)、①技术能力和财务能力 (Lee & Lee, 2001)、②技术人员占员工总人数的比重以及研发部门中的博士生人数和参与基础研究的研发部门的数目等。第二种是近年来才开始受一些学者注重使用的, 从过程为导向来设计量表测度吸收能力 (Tsai, 2006),③因为他们认为吸收能力的本质反映在构建吸收能力中知识流动的互动过程。

对比上面两种测度吸收能力的方式, 从结果角度测度认为企业只要拥有了技术和科研条件吸收能力就一定好, 这在一定程度上是正确的, 但是对于集群网络中的中小企业, 企业所获取的创新技术和信息基本都是在企业没有任何科研的基础上获取的, 他们通过的是在复杂多变的外部环境中寻觅和把握机会的能力获取的。正如 George (2005)④所定义的吸收能力是企业为知识创造和利用的动态能力, 吸收能力必须是企业在发展过程中不断学习和提升的动态能力。所以本研究采用后一种的测度方式。根据 Wong 和 Shaw 将吸收能力分解为适应能力、应用能力和生产能力来进行测度; Jansen 和 Bosch (2005)⑤把吸收能力分为潜在吸收能力和实现吸收能力来进行测度: ①能识别和模仿或者改进的技术并能解释已获得的技术信息。②能发展新技术、已获技术的替代用途或者能将其与现有技术进行整合。③能在生产工艺中调整、改进或引入创新。

所以, 根据上面的讨论, 本研究采用 Likert 七级量表法, 通过七个题项来对企业吸收能力进行测度: ①通过过去三年间平均的情况和趋势, 本书能很快地理解已获得的有用技术信息。②本书能很快识别这些新的技术信息可能给企业带来的变化。③本书能很快识别外部新知识对于现有知识的用途。

① Mowery, D. C. & Oxley, J. E.. Inward Technology Transfer and Competitiveness: The Role of National Innovation Systems [J]. Cambridge Journal of Economics, 1995, 19 (1): 67 – 93.

② Lee, C. & Lee, K.. Internal Capabilities, External Networks, and Performance: A Study on Technology – based Ventures [J]. Strategic Management Journal, 2001, 22 (1): 615 – 640.

③ Tsai, Y. C.. Effect of Social Capital and Absorptive Capability on Innovation in Internet Marketing [J]. International Journal of Management, 2006, 23 (1): 157 – 166.

④ George, G.. Learning to be Capable: Patenting and Licensing at the Wisconsin Alumni Research Foundation 1925 – 2002 [J]. Industrial and Corporate Change, 2005 (1): 119 – 151.

⑤ Jansen & Bosch. Managing Potential and Realized Absorptive Capacity: How do Organizational Antecedents Matter? [J]. Academy of Management Journal, 2005, 48 (6): 999.

④本书能很快根据新的技术知识引入工艺创新。⑤本书能很快根据新的技术知识修订质量控制操作。⑥本书能将已消化的新技术与其他技术进行融合。⑦本书能很快使用已消化的新技术进行新产品的开发。

## 四、控制变量的测定

控制变量可能对被解释变量（本研究中指企业创新绩效）产生影响，这些控制变量主要包括企业的规模、企业成立年限和企业所属行业属性等。企业规模是影响企业行为和决策的重要属性（Nadler & Tushman，1988）。①一般来讲，企业规模会带给企业规模效应和声誉优势，也会给企业带来更好的企业绩效（Lee，2001）。②企业规模越大，企业就越容易吸引合作伙伴、越容易吸引高技术人才和政府及行业协会政策的眷顾，自然也就越容易提高自己的技术创新水平。企业成立的年限会影响企业在网络中合作进行决策，年龄越老的企业结点一般就越多，门路也会越多，越有利于企业获取各方面的绩效（符正平，2002）。③

企业处于不同的行业，他们的技术创新水平也会有所不同。一般而言，高技术行业中的企业会比传统行业中的企业技术创新水平更高一些。但是本研究的三个行业技术创新水平差不多，对创新的要求也算是处在中等技术创新水平要求的行业。但是，花边和内衣行业相对其他两个行业，产业链比较长，行业内企业也比其他两个行业多，它们辐射的区域也比其他两个行业大；而不锈钢和包装印刷虽然处于不同的两个市，但是它们地理位置接近，网络规模也相近，都是集中在一个镇或者区内，很少对其他地区进行辐射。

另外，企业所处区域、文化环境、商业氛围等都会影响企业的技术创新

---

①　Nadler, D. & Tushman, M. . Strategic Organizational Design [M]. New York：Harper Collins, 1988.

②　Lee, C. & Lee, K. . Internal Capabilities, External Networks, and Performance：A Study on Technology – based Ventures [J]. Strategic Management Journal, 2001, 22 (1)：615 – 640.

③　符正平. 论企业集群的产生各种与形成不利机制 [J]. 中国工业经济, 2002 (10)：20 – 26.

绩效（符正平，2003）。[1]对于这几方面，本书通过对本研究对象三个行业进行的深度访谈知道都没什么大的差别，所以不作为控制变量。

另外，通过相关研究，本书认为企业自身情况以及组织和环境等因素可能对企业技术创新产生影响。所以对以下可能影响企业技术创新的因素进行控制：企业成立年限、所处行业、企业规模（员工人数）。根据问卷信息，本书把企业成立年限员工人数是否大于100人、是否大于平均年限、是否属于内衣行业进行区分。当企业员工人数大于100人时，令其虚拟变量的值为1，否则为0。考虑企业成立年限的影响，本研究把大于平均成立年限（9年）的企业令其虚拟变量的值为1，否则为0。对于行业的影响，本研究把花边内衣行业的企业令其虚拟变量的值为1，否则为0。

# 第三节　量表信度和效度分析

问卷调查法是中小企业研究中广泛采用的一种调查方法，根据调查目的设计的调查问卷是问卷调查法获取信息的工具，其质量高低对调查结果的真实性、适用性等具有决定性的作用。为了保证问卷具有较高的可靠性和有效性，在形成正式问卷之前，应当对问卷进行试测，并对试测结果进行信度和效度分析，根据分析结果筛选问卷题项，调整问卷结构，从而提高问卷的信度和效度。而在问卷调查完成之后，也应该从多方面对问卷调查的可靠性和有效性进行分析，为实证研究提供可信和可靠的数据。

## 一、量表信度分析

信度表示测量工具的一致性和稳定性。一般常用的信度度量方法包括：再测法（Retest Method）、折半法（Split Half Method）和Cronbach$\alpha$三种。由于企

---

① 符正平. 现代管理手段与企业集群成长［J］. 中山大学学报（社会科学版），2003（6）：94–99.

业外部网络特性量表的每一变量在问卷中只有一个相应问题，所以对于这一部分的信度分析本书采用再测法，即使用同一份问卷，对同一群受测者、在不同时间进行测试，求出这两次问卷分数的相关系数，验证问卷的稳定性。本书通过网络符合和实地符合的方式对问卷进行再测，随机抽取 20 家企业进行再次的电话访谈，其中 18 家再次接受问卷访谈。经过再测法的信度鉴定结果显示，网络特征的相关系数为 0.856，由此可见这部分量表具有较好的信度。

对于吸收能力和创新绩效的信度分析，本书就采用 Cronbach $\alpha$ 值来测度其内部一致性。具体来说，计算 CITC（Corrected Item – Total Correlation），若操作变量的 CITC 值大于 0.5 且名义变量的 Alpha 系数在 0.7 以上，说明用这些操作变量来度量相应的名义变量具有较高的可靠性。若操作变量 CITC 值都大于 0.5，而名义变量的 Alpha 系数小于 0.35，则应删去该变量，直到所有操作变量的 CITC 值都大于 0.5，且名义变量的 Alpha 系数在 0.5 以上。

从表 5 – 3 和表 5 – 4 可以看出，各个变量的 $\alpha$ 值均满足大于 0.70 的要求，样本的信度基本通过内部一致性检验；CITC 值都大于 0.5 的要求，从信度检验的角度来讲适合做多元线性回归。

## 二、量表效度分析

所谓效度，是指度量结果是否真正是研究者所预期的结果，即数据与理想值的差异程度。效度越高，表示所收数据越能显示出所测量指标的真正特征。效度包括内容效度（Content Validity）、效标关联效度（Criterion – related Validity）和构念效度（Construct Validity）。本问卷中的各个问题选项都是由相关理论发展而来的。在此基础上，本问卷还通过小样本的预问卷和通过访谈参考企业意见进行修改而成，因此本问卷应具有较好的内容效度。至于构念效度，问卷全部都已由其他学者的实证研究得以求证，证明了这样的问卷设计结构是合理的。

本书在研究中还采用因子分析对问卷的效度进行验证，有助于本书对测量结果的理解。因子分析可以帮助本书判断同一变量不同测度题项之间是否存在较强的相关性，可以合并为几个较少的因子，以简化数据的基本结构

（马庆国，2002）。马庆国（2002）①指出，按照经验判断方法，当 KMO（Kaiser - Meyer - Olkin）的值≥0.70，各题项载荷系数均大于 0.50 时，可以通过因子分析将同一变量的各测试题项合并为一个因子进行后续分析。下面对企业外部特征以及外部伙伴关系网络和资助关系网络特征分别的网络强度、网络规模、网络互惠度以及三方面的综合，还有吸收能力、企业创新绩效中各指标 KMO 检验结果及因子载荷系数情况进行分析，具体都体现在表 5 - 3 和表 5 - 4 中。

表 5 - 3　被解释变量信度和效度检验结果

| 变量 | | | 条目 | Cronbach Alpha | CITC 值 | KMO 检验结果 | Bartlett 球体检验结果 | 因子载荷值（Varimax） | 累积变量解释比例（%） |
|---|---|---|---|---|---|---|---|---|---|
| 企业外部网络特征（NETWORK） | 网络强度（INT） | 伙伴强度（P_INT） | 上游频率 | P_INT：0.6810 | 0.5286 | P_INT：0.689 | [139.581（df=6，P<0.001）] | 0.842 | (61.218) 46.794 (65.97) |
| | | | 下游频率 | | 0.5982 | | | 0.795 | |
| | | | 同行频率 | | 0.5923 | | | 0.780 | |
| | | | 其他频率 | NET：0.8212 | 0.5371 | NET：0.848 | 573.205（df=28，P<0.001） | 0.738 | |
| | | 资助强度（S_INT） | 政府频率 | | 0.6907 | | | 0.828 | |
| | | | 协会频率 | S_INT：0.8275 | 0.5997 | S_INT：0.811 | [310.847（df=6，P<0.001）) | 0.695 | |
| | | | 大学频率 | | 0.5530 | | | 0.653 | |
| | | | 银行频率 | | 0.6448 | | | 0.653 | |
| | 网络规模（SIZE） | 伙伴规模（P_SIZE） | 上游数量 | P_INT：0.6834 | 0.5961 | P_INT：0.673 | (124.203（df=6，P<0.001)] | 0.858 | (58.658) 41.825 (60.065) |
| | | | 下游数量 | | 0.5995 | | | 0.818 | |
| | | | 同行数量 | | 0.5473 | | | 0.691 | |
| | | | 其他数量 | INT：0.7808 | 0.5467 | NET：0.799 | 487.614（df=28，P<0.001） | 0.647 | |
| | | 资助规模（S_SIZE） | 政府数量 | | 0.6595 | | | 0.751 | |
| | | | 协会数量 | | 0.6189 | | | 0.741 | |
| | | | 大学数量 | S_INT：0.7752 | 0.5510 | S_INT：0.763 | [245.109（df=6，P<0.001)] | 0.668 | |
| | | | 银行数量 | | 0.5578 | | | 0.576 | |

①　马庆国. 管理统计：数据获取、统计原理、SPSS 工具与应用研究 [M]. 北京：科学出版社，2002：350 - 400.

续表

| 变量 | | | 条目 | Cronbach Alpha | CITC值 | KMO检验结果 | Bartlett球体检验结果 | 因子载荷值（Varimax） | 累积变量解释比例% |
|---|---|---|---|---|---|---|---|---|---|
| 企业外部网络特征（NETWORK） | 网络互惠度（REC） | 伙伴互惠（P_REC） | 我对上游 | P_INT: 0.8398 | 0.5887 | P_INT: 0.766 | [1054.472（df=28，P<0.001）] | 0.880 | (48.097) 39.058 (37.528) |
| | | | 上游对我 | | 0.5392 | | | 0.864 | |
| | | | 我对下游 | | 0.5691 | | | 0.846 | |
| | | | 下游对我 | | 0.6005 | | | 0.845 | |
| | | | 我对同行 | | 0.7193 | | | 0.849 | |
| | | | 同行对我 | | 0.7349 | | | 0.837 | |
| | | | 我对其他 | | 0.7552 | | | 0.792 | |
| | | | 其他对我 | NET: 0.8747 | 0.6264 | NET: 0.784 | 2671.176（df=120，P<0.001） | 0.760 | |
| | | 伙伴互惠（S_REC） | 我对政府 | | 0.5314 | | | 0.685 | |
| | | | 政府对我 | | 0.5775 | | | 0.576 | |
| | | | 我对协会 | S_INT: 0.7229 | 0.5876 | S_INT: 0.727 | [473.863（df=28，P<0.001）] | 0.842 | |
| | | | 协会对我 | | 0.5301 | | | 0.770 | |
| | | | 我对大学 | | 0.5425 | | | 0.762 | |
| | | | 大学对我 | | 0.5825 | | | 0.715 | |
| | | | 我对银行 | | 0.7413 | | | 0.935 | |
| | | | 银行对我 | | 0.7008 | | | 0.880 | |

**表5-4 被调节或中介变量和被解释变量信度和效度检验结果**

| 变量 | 条目 | Cronbach Alpha | CITC值 | KMO检验结果 | Bartlett球体检验结果 | 因子载荷值（Varimax） | 累积的变量解释比例（%） |
|---|---|---|---|---|---|---|---|
| 吸收能力（AC） | AC1 | 0.7351 | 0.6501 | 0.757 | 206.139（df=21，P<0.001） | 0.795 | 51.310 |
| | AC2 | | 0.6087 | | | 0.784 | |
| | AC3 | | 0.6604 | | | 0.769 | |
| | AC4 | | 0.6218 | | | 0.742 | |
| | AC5 | | 0.5227 | | | 0.740 | |
| | AC6 | | 0.5493 | | | 0.625 | |
| | AC7 | | 0.6011 | | | 0.564 | |

续表

| 变量 | 条目 | Cronbach Alpha | CITC 值 | KMO 检验结果 | Bartlett 球体检验结果 | 因子载荷值（Varimax） | 累积的变量解释比例（%） |
|---|---|---|---|---|---|---|---|
| 创新绩效（IP） | IP1 | 0.8460 | 0.7147 | 0.844 | 517.530（df = 15，P < 0.001） | 0.838 | 57.339 |
| | IP2 | | 0.7204 | | | 0.827 | |
| | IP3 | | 0.6135 | | | 0.779 | |
| | IP4 | | 0.5215 | | | 0.737 | |
| | IP5 | | 0.5632 | | | 0.691 | |
| | IP6 | | 0.6306 | | | 0.621 | |

具体操作如下：表5-3中的因子载荷值数据和KMO检验结果显示，企业与各网络成员（供应商、客户、同行企业、其他相关企业、政府部门、行业协会、大学等科研机构和银行等金融机构）联系频繁程度这8个指标具有较大的影响，且具有单维度的特点，KMO值为0.848，Bartlett统计值的显著性概率为P<0.001，各题项的因子载荷系数均大于0.5，可以进行因子分析。因此可以通过指标归类对联系频繁的8个题项值进行标准化处理而产生一个单一的因子值，然后将该值代入下一章的相关分析、层次回归分析和路径分析中去。同样，与企业联系的数量和相互依赖性分别对其7个题项和13个题项的因子分析也都显示具有单维度特征，它们的KMO值分别为0.7808和0.8747，Bartlett统计值的显著性概率也都为P<0.001，各题项的因子载荷值也都大于或接近0.5，因此可以通过指标归类分别对它们下面的7个题项和13个题项进行标准化处理而产生一个单一的因子值得，然后将它们代入下一章的相关分析、层次回归分析和路径分析中去。对于伙伴型关系网络和资助型关系网络的强度，它们的KMO值分别为0.689和0.811，Bartlett统计值的显著性概率也都为P<0.001，各题项的因子载荷值也都大于0.5。因此，本书也尝试分别通过指标归类对它们分别对应的4个题项值进行标准化处理而产生一个单一的因子值，然后将它们代入下一章的相关分析、层次回归分析和路径分析中去。对于伙伴关系网络和资助关系网络的规模和互惠度，因为变量的KMO值、Bartlett统计值和因子载荷值也都符合标准化处理的要求，所以，本书也尝试分别对它们下面对应的题项值进行标准化处理而产生一个

单一的因子值，然后将它们代入下一章的相关分析、层次回归分析和路径分析中去（具体值见表5-3）。

同样，对于表5-4的吸收能力和企业创新绩效，因为变量的KMO值分别为0.757和0.844，Bartlett统计值的显著性概率也都为P<0.001，各题项的因子载荷值也都大于0.5，且具有单维度的特点，因此本书也分别通过指标归类对它们下面的7个题项值和6个题项值进行标准化处理而产生一个单一的因子值，然后将它们代入下一章的相关分析、层次回归分析中去。

通过上面对所有解释变量、调节或中介变量和被解释变量的信度和效度分析，本书发现都符合要求。因此，可以进行下一章的相关性分析、层次回归分析和路径分析。

# 本章小结

本章进行实证检验前的必要步骤，包括数据收集、变量测定与数据初步检验。在数据收集上，重点介绍问卷的设计情况、发放形式、调查过程、回收情况和问卷基本情况的分析。变量测定部分详细介绍被解释变量、解释变量、中介与调节变量以及控制变量的定义、测量以及量表来源情况。在此基础上对收集的数据进行初步检验，包括信度和效度检验，主要分析数据的可靠性和测量的有效性问题。

本书得到三个结论：第一，问卷设计、回收和基本情况分析都比较顺利，问卷调查顺利进行，有效问卷率较高，样本量较大。第二，本研究所涉及的被解释变量、解释变量和中介调节变量都是在比较成熟的量表基础上进行修正，具有良好的内容效度。对控制变量的考虑也相对比较合理和全面，但还有一些难以进行控制和测量。第三，数据初步检验的结果表明，本研究样本数据具有良好的信度和效度，可以进行下面的回归分析。

# 第六章　实证分析与讨论

为了检查在控制变量之后，解释变量到底能带来多少附加的变化，本研究采用层次回归分析方法（Hierachical Regression Analysis）来验证本研究前面提出的假设1、假设3和假设5；采用结构方程模型（SEM）的路径分析（PA）来验证本研究前面提出的假设2、假设4、假设6和假设7说明的内容。

## 第一节　三大问题检验

为了保证正确地使用模型并得出合理的结论，需要研究回归模型是否存在多重共线性、序列相关和异方差三大问题（马庆国，2002）。[①]下面分析研究模型是否存在这三大问题，在不存在这些问题的前提下，再说明被解释变量、解释变量、调节变量和控制变量的描述性统计及相互之间的两两简单相关系数，最后再对模型进行回归分析和路径分析。

### 一、多重共线性检验

多重共线性是指解释变量（包括控制变量）之间存在严重的线性相关。可以用方差膨胀因子（VIF）指数来衡量是否存在多重共线性。经验判断表

①　马庆国. 管理统计：数据获取、统计原理、SPSS工具与应用研究 [M]. 北京：科学出版社，2002：350 – 400.

面：当 $0 < VIF < 10$ 的时候，不存在多重共线性；当 $10 \leqslant VIF \leqslant 100$ 的时候，存在较强的多重共线性；当 $VIF \geqslant 100$ 的时候，存在严重的多重共线性（何晓群和刘文卿，2001）。①通过对下面将介绍的回归模型的 VIF 计算显示，所有模型中的 VIF 值均处于 0 和 5 之间。所以，本研究的解释变量和控制变量之间不存在多重共线性问题。

## 二、序列相关检验

序列相关指的是回归模型中不同的残差项之间具有相关关系。由于样本是截面数据，因此不可能出现不同时期的样本值之间的序列相关问题，也没必要进行稳定性检验。此外，截面数据中不同编号的样本值是否存在序列相关问题，可以用回归模型中的 DW 值来判断。本研究中所有回归模型的 DW 值都在 1.8 和 2 之间，非常接近 2，因此本研究模型中也不存在不同编号的样本值之间的序列相关现象。

## 三、异方差检验

异方差指回归模型中的不同残差之间具有不同的方差，可以利用散点图来判断回归模型是否具有异方差现象。如果存在异方差问题的话，回归分析的结果将不具有无偏、有效等特点。本书对下面将介绍的各回归模型以被解释变量为横坐标进行残差项的散点图分析，结果表明所有的回归模型中均不存在异方差问题。

本部分结合采用 SPSS13.0 软件进行分析，多重共线性、序列相关和异方差三大问题都得到解决，可以继续下面的研究和分析。

---

① 何晓群，刘文卿. 应用回归分析［M］. 北京：中国人民大学出版社，2002.

# 第二节 调节变量模型分析结果

调节变量的意义在于能够识别自变量对因变量的边界条件，引入一个新的调节变量是对理论作出贡献的重要入口。而对于检验吸收能力是否在企业网络（伙伴关系型与资助关系型网络）与企业绩效之间起调节作用，需要通过以下步骤进行分析：初步的相关性分析、不同层次回归方程的建立以及调节变量的诊断。

## 一、描述性统计分析

表 6 - 1 和表 6 - 2 显示了本研究所有测度的变量的均值、标准差和之间的相关性。表 6 - 1 说明了外部网络与吸收能力、外部网络与创新绩效以及吸收能力与企业创新绩效之间都存在显著的相关关系，还有各变量与控制变量之间的相关关系。其中，外部网络与创新绩效之间的相关系数为 0.740（P <0.01）、外部网络与吸收能力之间的相关系数为 0.123（P <0.10）、吸收能力与创新绩效之间的相关系数为 0.247（P <0.01）。企业成立年限、规模、所属行业与创新绩效之间的相关系数分别为 0.300（P <0.01）、0.526（P <0.01）和 0.132（P <0.10）。

表 6 - 1　外部网络描述性统计分析和相关系数表

| 变量 | 均值 | 标准离差 | ①创新绩效 | ②年限 | ③规模 | ④行业 | ⑤外部网络 | ⑥吸收能力 |
|---|---|---|---|---|---|---|---|---|
| ①创新绩效 | 4.13 | 1.15 | 1 | | | | | |
| ②年限 | 0.44 | 0.497 | 0.300 *** | 1 | | | | |
| ③规模 | 0.36 | 0.476 | 0.526 *** | 0.366 *** | 1 | | | |
| ④行业 | 0.63 | 0.483 | 0.132 * | −0.114 | 0.121 | 1 | | |
| ⑤外部网络 | 3.78 | 0.7605 | 0.740 *** | 0.330 *** | 0.450 *** | 0.120 | 1 | |
| ⑥吸收能力 | 4.20 | 0.896 | 0.247 *** | −0.10 | 0.073 | 0.120 | 0.123 * | 1 |

注：* 表示 P <0.10 的水平上显著；** 表示 P <0.05 的水平上显著；*** 表示 P <0.01 的水平上显著（双边检验）。N =224。

表6-2　伙伴关系网络和资助关系网络描述性统计分析和相关系数表

| 变量 | 均值 | 标准离差 | ①创新绩效 | ②年限 | ③规模 | ④行业 | ⑤伙伴网络 | ⑥资助网络 | ⑦吸收能力 |
|---|---|---|---|---|---|---|---|---|---|
| ①创新绩效 | 4.13 | 1.15 | 1 | | | | | | |
| ②年限 | 0.44 | 0.497 | 0.300 *** | 1 | | | | | |
| ③规模 | 0.36 | 0.476 | 0.526 *** | 0.366 *** | 1 | | | | |
| ④行业 | 0.63 | 0.483 | 0.132 * | -0.114 | 0.121 | 1 | | | |
| ⑤伙伴网络 | 4.35 | 0.818 | 0.694 *** | 0.198 ** | 0.430 *** | 0.348 *** | 1 | | |
| ⑥资助网络 | 3.11 | 0.823 | 0.695 *** | 0.390 *** | 0.434 *** | -0.068 | 0.696 * | 1 | |
| ⑦吸收能力 | 4.20 | 0.896 | 0.247 *** | -0.10 | 0.073 | 0.120 | 0.120 * | 0.110 * | 1 |

注：* 表示 $P < 0.10$ 的水平上显著；** 表示 $P < 0.05$ 的水平上显著；*** 表示 $P < 0.01$ 的水平上显著（双边检验）。N = 224。

表6-2则说明了伙伴关系网络与资助关系网络分别与吸收能力、伙伴关系网络与资助关系网络分别与创新绩效，以及吸收能力与企业创新绩效之间都存在显著的相关关系。其中，伙伴关系型网络与创新绩效之间的相关系数为 0.694（$P < 0.01$）、伙伴关系型网络与吸收能力之间的相关系数为 0.120（$P < 0.10$）、吸收能力与创新绩效之间的相关系数为 0.247（$P < 0.01$）。资助关系型网络与创新绩效之间的相关系数为 0.695（$P < 0.01$）、资助关系型网络与吸收能力之间的相关系数为 0.110（$P < 0.10$）、吸收能力与创新绩效之间的相关系数为 0.247（$P < 0.01$）。

## 二、外部网络与吸收能力的层次回归结果

表6-3显示了企业外部网络和吸收能力对企业创新绩效影响的层次回归分析结果。关于控制变量，模型1说明了企业成立年限和企业规模对企业创新绩效有影响，但是模型2、模型3、模型4中说明了只有企业规模才对创新绩效有影响，且是正向作用。也就是说加入调节变量后，企业规模越大，企业创新绩效就越强（模型4：系数：0.229，$P < 0.01$）。而行业在引入吸收能力和外部网络作用后，它对创新绩效的影响被取代，表现为不显著。关于外

部网络、吸收能力与创新绩效的关系，从模型3、模型4可以看出，外部网络与企业创新绩效有显著的正相关关系（模型4：系数：0.596，P<0.01）；吸收能力与企业创新绩效也存在显著的正相关关系（模型4：系数：0.325，P<0.01）。这也验证了上一章的分析和讨论。

表6-3　层次回归分析结果：企业外部网络和吸收能力影响效果分析

| 变量 | 模型1 | 模型2 | 模型3 | 模型4 |
|---|---|---|---|---|
| 年限 | 0.141 ** | 0.01 | 0.017 | 0.019 |
| 规模 | 0.464 *** | 0.237 *** | 0.233 *** | 0.229 *** |
| 行业 | 0.092 | 0.027 | 0.014 | 0.009 |
| 外部网络 | | 0.627 *** | 0.609 *** | 0.596 *** |
| 吸收能力 | | | 0.153 *** | 0.325 *** |
| 外部网络×吸收能力 | | | | 0.193 ** |
| $R^2$ | 0.299 | 0.596 | 0.618 | 0.620 |
| 调整 $R^2$ | 0.289 | 0.588 | 0.610 | 0.616 |
| $R^2$ 变化 | 0.299 | 0.297 | 0.03 | 0.008 |
| F | 31.232 *** | 80.635 *** | 70.648 *** | 60.724 *** |

注：* 表示 P<0.10 的水平上显著；** 表示 P<0.05 的水平上显著；*** 表示 P<0.01 的水平上显著（双边检验）。

假设1认为企业吸收能力在外部网络与创新绩效之间起调节作用。把企业外部网络三个特征（网络强度、网络规模和网络互惠度）综合成一个指标和吸收能力相乘，然后一起进入回归方程。在模型4中，模型的 $R^2$ 为0.620，调整 $R^2$ 为0.616，与模型3相比，$R^2$ 变化为0.008，F值为60.724，且显著（P<0.01）。再看具体变量的回归系数，外部网络与吸收能力的交叉项回归系数为正，且有强显著性（模型4：系数：0.193，P<0.05）。尽管控制变量影响有所不同，模型的 $R^2$ 值和 $R^2$ 变化值以及F值都说明：吸收能力对企业外部网络与企业创新绩效的影响关系有调节作用的存在，所以，假设1得到了验证。这说明从总体上来说，在吸收能力强的情况下，企业外部网络对企业创新绩效的影响要更强一些，因为企业通过外部网络从外界获得的知识或者信息更容易被消化和吸收，从而转化为自己的创新能力。而如果企业吸收能

力较弱的情况下，即使能够比较容易从与外界的知识和信息交流中获益，但是由于消化、吸收、开发和利用这些新知识和信息并将其转化为商业收益终端的能力较弱，不能最终转化为提高的创新能力。具体来说，企业与外部网络成员联系的强度、密度和互惠度对企业创新的影响受到吸收能力的调节作用比较显著。而在这种情况下，企业规模对创新绩效有显著的影响，而企业年限和企业所属行业却不显著。

## 三、伙伴关系网络与吸收能力的层次回归结果

表 6-4 显示了企业伙伴关系网络和吸收能力对企业创新绩效影响的层次回归分析结果。同样，关于控制变量，模型 1 说明了企业成立年限和企业规模对企业创新绩效有影响，但是模型 2、模型 3、模型 4 中更加说明了只有企业规模才对创新绩效有影响，而且企业规模是正向作用（模型 4：系数：0.231，$P < 0.01$），而企业所属行业是反向影响（系数：-0.120，$P < 0.05$）。也就是说加入调节变量后，企业规模越大，企业创新绩效就越强。花边内衣行业的企业创新绩效的水平显著低于其他两个行业，前者企业的创新要求没有后者高，创新活动也没后者频繁。企业成立年限在引入吸收能力和外部网络作用后对创新绩效的影响被取代，表现为不显著。关于企业伙伴关系网络、吸收能力与创新绩效的关系，从模型 3、模型 4 可以看出，伙伴关系网络与企业创新绩效有显著的正相关（模型 4：系数：0.587，$P < 0.01$）；吸收能力与企业创新绩效也存在显著的正相关关系（模型 4：系数：0.410，$P < 0.01$）。这也验证了本书上一章的分析和讨论。

表 6-4　层次回归分析结果：企业伙伴关系网络和吸收能力影响效果分析

| 变量 | 模型 1 | 模型 2 | 模型 3 | 模型 4 |
| --- | --- | --- | --- | --- |
| 年限 | 0.141 ** | 0.077 | 0.082 * | 0.085 |
| 规模 | 0.464 *** | 0.250 *** | 0.243 *** | 0.231 *** |
| 行业 | 0.092 | -0.100 ** | -0.115 ** | -0.120 ** |
| 伙伴关系网络 | | 0.606 *** | 0.592 *** | 0.587 *** |

| 变量 | 模型 1 | 模型 2 | 模型 3 | 模型 4 |
|---|---|---|---|---|
| 吸收能力 | | | 0.172 *** | 0.410 *** |
| 伙伴关系网络×吸收能力 | | | | 0.268 *** |
| $R^2$ | 0.299 | 0.566 | 0.587 | 0.595 |
| 调整 $R^2$ | 0.289 | 0.558 | 0.578 | 0.583 |
| $R^2$ 变化 | 0.299 | 0.267 | 0.022 | 0.007 |
| F | 31.232 *** | 70.233 *** | 62.990 *** | 55.828 *** |

注:* 表示 $P < 0.10$ 的水平上显著;** 表示 $P < 0.05$ 的水平上显著;*** 表示 $P < 0.01$ 的水平上显著(双边检验)。

假设 3 预测企业吸收能力在企业伙伴关系网络与创新绩效之间起调节作用。把企业伙伴关系网络三个特征(网络强度、网络规模和网络互惠度)综合成一个指标和吸收能力相乘,然后一起进入回归方程。在模型 4 中,模型的 $R^2$ 为 0.595,调整 $R^2$ 为 0.583,与模型 3 相比,$R^2$ 变化为 0.007,F 值为 55.828,且显著($P < 0.01$)。再看具体变量的回归系数,外部伙伴关系网络与吸收能力的交叉项回归系数为正,且有强显著性(模型 4:0.268,$P < 0.01$)。尽管控制变量影响有所不同,模型的 $R^2$ 值和 $R^2$ 变化值以及 F 值都说明:吸收能力对企业伙伴关系网络与企业创新绩效的影响关系有调节作用的存在。所以,假设 3 得到了验证。这说明从总体上来说,在吸收能力强的情况下,企业伙伴关系网络对企业创新绩效的影响要更强一些,这是因为企业通过伙伴关系网络从外界获得的知识或者信息更容易被消化和吸收,从而转化为自己的创新能力。如果企业吸收能力较弱的情况下,即使能够比较容易从与外界的知识和信息交流中获益,但是由于消化、吸收、开发和利用这些新知识和信息并将其转化为商业收益终端的能力较弱,不能最终转化为提高的创新能力。企业与伙伴关系网络成员联系的强度、密度和互惠度对企业创新行为的作用过程中,吸收能力的调节作用是显著的。在这种情况下,企业规模对创新绩效有显著的影响,规模越大,创新绩效就越好;高新行业对创新绩效也有显著影响;企业年限对创新绩效没有显著的影响。

## 四、资助关系网络与吸收能力的层次回归结果

表6-5显示了企业资助关系网络和吸收能力对企业创新绩效影响的层次回归分析结果。同样，关于控制变量，模型1说明了企业成立年限和企业规模对企业创新绩效有影响，但是模型2、模型3、模型4中说明了只有企业规模才对创新绩效有影响，而且是正向作用（模型4：系数：0.247，P < 0.01），企业所属行业也是正向影响（模型4：系数：0.114，P < 0.05）。就是说加入调节变量后，企业规模越大，企业创新绩效就越强；花边内衣行业的企业创新绩效的水平显著高于其他两个行业，前者企业的创新要求比后者高，创新活动也比后者频繁。年限在引入吸收能力和外部网络作用后，它对创新绩效的影响被取代，表现为不显著。关于企业资助关系网络、吸收能力与创新绩效的关系，从模型3、模型4可以看出，资助关系网络与企业创新绩效有显著的正相关（模型4：系数：0.562，P < 0.01）；吸收能力与企业创新绩效存在显著的正相关关系（模型4：系数：0.305，P < 0.01）。这验证了本书上一章的分析和讨论。

表6-5　层次回归分析结果：企业资助关系网络和吸收能力影响效果分析

| 变量 | 模型1 | 模型2 | 模型3 | 模型4 |
|---|---|---|---|---|
| 年限 | 0.141 ** | 0.010 | − 0.002 | 0.001 |
| 规模 | 0.464 *** | 0.253 *** | 0.250 *** | 0.247 *** |
| 行业 | 0.092 | 0.141 *** | 0.123 *** | 0.114 ** |
| 资助关系网络 | | 0.599 *** | 0.580 *** | 0.562 *** |
| 吸收能力 | | | 0.150 *** | 0.305 *** |
| 资助关系网络 × 吸收能力 | | | | 0.147 ** |
| $R^2$ | 0.299 | 0.596 | 0.618 | 0.620 |
| 调整 $R^2$ | 0.289 | 0.588 | 0.610 | 0.616 |
| $R^2$ 变化 | 0.299 | 0.297 | 0.03 | 0.008 |
| F | 31.232 *** | 71.320 *** | 62.079 *** | 53.059 *** |

注：* 表示 P < 0.10 的水平上显著；** 表示 P < 0.05 的水平上显著；*** 表示 P < 0.01 的水平上显著（双边检验）。

假设5预测企业吸收能力在企业资助关系网络与创新绩效之间起调节作用。把企业伙伴关系网络三个特征（网络强度、网络规模和网络互惠度）综合成一个指标和吸收能力相乘，然后一起进入回归方程。在模型4中，模型的 $R^2$ 为0.620，调整 $R^2$ 为0.616，与模型3相比，$R^2$ 变化为0.008，F值为53.059，且显著（$P < 0.01$）。再看具体变量的回归系数，外部资助关系网络与吸收能力的交叉项回归系数为正，且有强显著性（模型4：系数：0.147，$P < 0.05$）。尽管控制变量影响有所不同，模型的 $R^2$ 值和 $R^2$ 变化值以及 F 值都说明从总体上来讲，吸收能力对企业资助关系网络与企业创新绩效的影响关系有调节作用的存在。所以，假设5得到了验证。这从总体上说明在吸收能力强的情况下，企业资助关系网络对企业创新绩效的影响要更强一些，这是因为企业通过资助关系网络从外界获得的知识或者信息更容易被消化和吸收，从而转化为自己的创新能力。如果企业吸收能力较弱，即使能够比较容易从与外界的知识和信息交流中获益，但由于消化、吸收、开发和利用这些新知识和信息并将其转化为商业收益终端的能力较弱，不能最终转化为提高的创新能力。具体来说，企业与资助关系网络成员联系的强度、密度和互惠度对企业创新的影响受到吸收能力的调节作用比较显著。在这种情况下，企业规模对创新绩效有显著的影响，规模越大创新绩效就越好；企业所属行业对创新绩效也有显著影响，花边内衣行业总体来说企业的创新绩效比其他两个行业的企业好；而企业年限对创新绩效没有显著的影响。

## 五、结果讨论

结果验证了假设1、假设3和假设5。根据层次回归分析结果，得到创新绩效的函数表达式：IP = 0.596 × EN + 0.325 × AC + 0.193 × EN × AC（其中，IP = 创新绩效，EN = 外部网络，AC = 吸收能力，EN × AC = 外部网络与吸收能力的交互变量）。数据分析表明，高吸收能力调节下创新绩效直线的斜率（K = 0.789）明显大于低吸收能力调节下创新绩效直线的斜率（K = 0.403）。因为，吸收能力高分群体的特征是创新资源更充足、创新合作伙伴质量和数量更高以及获取价值信息更容易等，低分群体的特征是缺乏创新资源、创新合作伙伴质量和数量较差以及获取价值信息较难等。对于企业创新活动，吸收能力高分群体比低分群体的创新绩效更好（见图 6 – 1）。

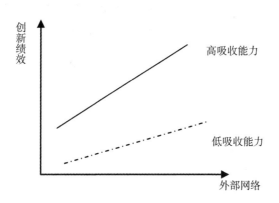

**图 6 – 1　外部网络在吸收能力调节下对创新绩效的影响**

同样，根据层次回归分析结果，得到伙伴关系网络企业创新绩效的函数表达式：IP = 0. 587 × PN + 0. 410 × AC + 0. 286 × PN × AC（其中，IP = 创新绩效，PN = 伙伴关系网络，AC = 吸收能力，PN × AC = 伙伴关系网络与吸收能力的交互变量）。数据分析表明，高吸收能力调节下创新绩效直线的斜率（K = 0. 855）明显大于低吸收能力调节下创新绩效直线的斜率（K = 0. 319）。对于企业技术创新绩效而言，吸收能力高分群体比低分群体的创新绩效更好（见图 6 – 2）。

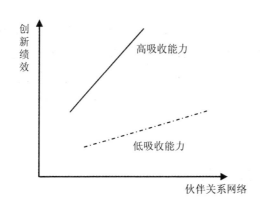

**图 6 – 2　伙伴关系网络在吸收能力调节下对创新绩效的影响**

根据层次回归分析结果，得到资助关系网络企业创新绩效的函数表达式：IP = 0.562 × SN + 0.305 × AC + 0.147 × SN × AC（其中 IP = 创新绩效，SN = 伙伴关系网络，AC = 吸收能力，SN × AC = 资助关系网络与吸收能力的交互变量）。数据分析表明，高吸收能力调节下创新绩效直线的斜率（K = 0.709）明显大于低吸收能力调节下创新绩效直线的斜率（K = 0.415）。对于企业创新活动而言，吸收能力高分群体比低分群体的创新绩效更好（见图 6 - 3）。

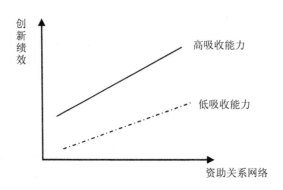

**图 6 - 3　资助关系网络在吸收能力调节下对创新绩效的影响**

# 第三节　中介变量模型分析结果

中介变量的意义在于揭示自变量对因变量影响的原因和作用机制，引入一个新的中介变量是对理论作出贡献的重要入口。而对于检验吸收能力是否在企业网络（伙伴关系型与资助关系型网络）与企业绩效之间起中介作用，需要通过以下步骤进行分析：初步的相关性分析、路径分析以及结构方程模型建构的建立。

## 一、描述性统计分析

与上一节类似，通过 SPSS13.0 软件完成计算。表 6 - 6 是外部网络、吸收能力和企业创新绩效之间的描述性分析和相关性分析结果，可以看出各变量间都有比较强的相关性。

表6－6　各潜在变量的描述性分析和相关分析（外部网络）

| 变量 | 均值 | 标准离差 | 创新绩效 | 外部网络 | 吸收能力 |
|---|---|---|---|---|---|
| 创新绩效 | 4.13 | 1.15 | 1 | | |
| 外部网络 | 3.78 | 0.7605 | 0.740 *** | 1 | |
| 吸收能力 | 4.20 | 0.896 | 0.247 *** | 0.123 * | 1 |

注：* 表示 P < 0.10 的水平上显著；*** 表示 P < 0.01 的水平上显著（双边检验）。

同样道理，表6－7是反映伙伴关系网络、资助关系网络分别与吸收能力和企业创新绩效之间的描述性分析和相关性分析结果。

表6－7　各潜在变量的描述性分析和相关分析（伙伴、资助关系网络）

| 变量 | 均值 | 标准离差 | 创新绩效 | 伙伴关系网络 | 资助关系网络 | 吸收能力 |
|---|---|---|---|---|---|---|
| 创新绩效 | 4.13 | 1.15 | 1 | | | |
| 伙伴关系网络 | 4.35 | 0.818 | 0.694 *** | 1 | | |
| 资助关系网络 | 3.11 | 0.823 | 0.695 *** | 0.696 * | 1 | |
| 吸收能力 | 4.20 | 0.896 | 0.247 *** | 0.120 * | 0.110 * | 1 |

注：* 表示 P < 0.10 的水平上显著；*** 表示 P < 0.01 的水平上显著（双边检验）。

## 二、外部网络与吸收能力的路径分析结果

表6－8给出五个结构模型的嵌套关系（Nested Models）。模型1（M1）和模型2（M2）是关系吸收能力在外部网络与企业创新绩效之间起中介作用的模型。其中模型1是部分中介模型；模型2是完全中介模型。模型3（M3）、模型4（M4）和模型（M5）是无中介作用的模型。

表6-8　嵌套关系结构方程模型间的比较（外部网络）

| 结构方程模型 | $\chi^2$ | df | $\Delta\chi^2$ | $\chi^2/df$ | RMSEA | CFI | GFI | NNFI |
|---|---|---|---|---|---|---|---|---|
| M1：NT→AC→IP 和 NT→IP | 141.67 | 99 | | 1.431 | 0.044 | 0.97 | 0.93 | 0.96 |
| M2：NT→AC→IP | 146.24 | 100 | 4.57 | 1.462 | 0.046 | 0.97 | 0.92 | 0.96 |
| M3：NT→AC 和 NT→IP | 187.72 | 100 | 46.05*** | 1.877 | 0.063 | 0.94 | 0.90 | 0.93 |
| M4：NT→AC 和 AC→IP | 220.80 | 100 | 79.13*** | 2.208 | 0.074 | 0.89 | 0.88 | 0.86 |
| M5：NT→IP | 252.48 | 101 | 110.81*** | 2.500 | 0.085 | 0.84 | 0.88 | 0.82 |

注：***表示 P<0.01 的水平上显著（双边检验）。N=224。

从模型1到模型5发现，$\chi^2$ 值与自由度（df）都在变大，但是 $\chi^2/df$ 值在所有模型中都在可以接受的值3以内（Byrne，2005）。[1]从数据拟合指标来看，模型4和模型5对数据拟合得不好，它们的 CFI、GFI、NNF 值都小于模型的最低要求值0.90（Browne & Cudeck，1992），[2]所以本书拒绝模型4和模型5。

对于其他三个模型数据拟合得都很好，CFI、GFI、NNF 值都大于0.90，RMSEA 值都显著小于模型最低要求值0.08。对比这三个模型，本书认为模型1和模型2都优于模型3，因为在自由度基本一样的情况下，模型1和模型2拥有比模型3显著低的值，所以模型1和模型2有更强的拟合效果。本书也不接受模型3。而模型1和模型2的卡方统计量与自由度的比值（$\chi^2/df$）都小于2，拟合效果极佳；RMSEA 值分别为0.044和0.046，小于0.05，所以模型拟合很好；P 值也都在0.001水平上显著；其他 CFI、GFI、NNF 值都大于0.90。所以，模型总的拟合效果很好，现在本书只考虑有吸收能力作为中介变量的模型1和模型2。

可见，本研究的假设2已经得到了验证，也就是吸收能力在外部网络与企业创新绩效之间起中介作用的预测被证实。但是，吸收能力到底在之间起完全中介作用还是部分中介作用呢？本书将进一步讨论。Baron 和

---

[1] Byrne, B. M.. A Primer of LISREL: Basic Applications and Programming for Comfirmatory Factor Analytic Models [M]. New York：Springer, 2005.

[2] Browne, M. W. & Cudeck, R.. Alternative Ways of Assessing Model Fit [J]. Sociological Methods & Research, 1992 (2)：230-258.

Kenny（1986）[①]认为在路径分析中，吸收能力起到完全中介作用必须符合下面的条件：①企业外部网络与创新绩效有显著性相关关系。②企业外部网络与吸收能力有显著性相关关系。③吸收能力与创新绩效有显著性相关关系。④在结构方程模型中，当吸收能力加入模型2中，也就是模型1，企业外部网络与企业创新绩效的路径显示不显著相关。否则吸收能力就应该是部分中介。

从图6-4中可以看到，外部网络与吸收能力之间存在显著正相关关系，它们之间的因子负载为0.80；吸收能力与创新绩效之间存在显著正相关关系，它们之间的因子负载为0.75；外部网络与创新绩效之间存在显著正相关关系，它们之间的因子负载为0.23；图6-5正说明在没有考虑吸收能力的情况下，外部网络与创新绩效也存在显著的正相关关系，它们之间的因子负载为0.82。上面四个条件总结起来就是：①伙伴关系网络与吸收能力有显著性相关关系。②吸收能力与创新绩效有显著性相关关系。③伙伴关系网络与创新绩效有显著性相关关系。④在引入吸收能力的情况下，外部网络与创新绩效之间还是显著正相关关系。那么本书就应该认为吸收能力是起部分中介作用（Baron & Kenny，1986）。[②]也就是说，外部网络通过部分影响吸收能力来影响企业创新绩效。本来没有考虑吸收能力情况下，外部网络与创新绩效之间的因子负载为0.82，引入吸收能力作用后，它们之间的因子负载变为0.23，因0.23小于0.82，所以外部网络通过部分影响吸收能力来影响企业创新绩效。所以，吸收能力在外部网络与创新绩效之间起部分中介作用。本研究假设2预测，吸收能力在外部网络与企业创新绩效之间起中介作用，所以假设2得到验证。

---

①② Baron, R. M. & Kenny, D. A. . The Moderator - mediator Variable Distinction in Social Psychological Research: Conceptual, Strategic, and Statistical Consideration [J]. Journal of Personnality and Social Psychology, 1986 (6): 1173 - 1182.

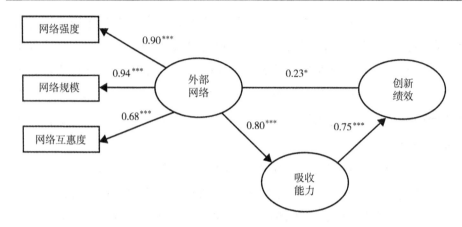

图 6-4 吸收能力起中介作用模型（M1）

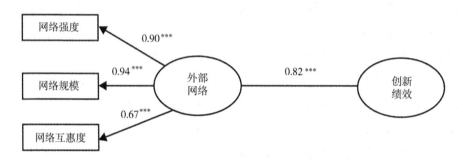

图 6-5 无中介作用的参照模型（M5）

### 三、伙伴关系网络、资助关系网络与吸收能力的路径分析结果

图 6-6 是伙伴关系网络和资助关系网络通过吸收能力同时影响企业创新绩效的路径分析结果。表 6-9 说明了模型的数据拟合情况。图 6-6 基本模型（$M_T$）卡方统计量与自由度的比值（$\chi^2/df$）都小于 2，拟合效果极佳；RMSEA 是 0.047，小于 0.05，所以模型拟合很好；P 值也都在 0.001 水平上显著；其他 CFI、GFI、NNF 值都大于 0.90。所以，基本模型（$M_T$）总的拟合效果很好，是本书可以接受的。

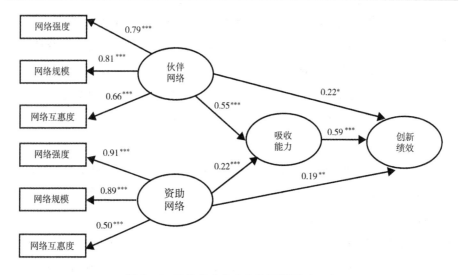

**图 6 - 6  吸收能力起中介作用模型（$M_T$）**

**表 6 - 9  （伙伴、资助关系网络）结构方程模型数据拟合结果**

| 结构方程模型 | $\chi^2$ | df | $\chi^2$/df | * P | RMSEA | CFI | GFI | NNFI |
|---|---|---|---|---|---|---|---|---|
| $M_T$：基本模型 | 208.08 | 140 | 1.486 | 0.000 | 0.047 | 0.96 | 0.91 | 0.95 |

注：***表示 P < 0.01 的水平上显著（双边检验）。N = 224。

在图 6 - 6 中可以看到，伙伴关系网络与吸收能力有显著的正相关关系，它们之间的因子负载为 0.55；吸收能力与创新绩效之间存在显著正相关关系，它们之间的因子负载为 0.59；伙伴关系网络与创新绩效之间存在显著正相关关系，它们之间的因子负载为 0.22。在没有考虑吸收能力的情况下，伙伴关系网络与创新绩效之间存在显著的正相关关系，它们之间的因子负载为 0.80。上面四个条件总结起来就是：①伙伴关系网络与吸收能力有显著性相关关系。②吸收能力与创新绩效有显著性相关关系。③伙伴关系网络与创新绩效有显著性相关关系。④在引入吸收能力的情况下，伙伴关系网络与创新绩效之间还是显著正相关关系。那么本书就应该认为吸收能力是起部分中介作用。也就是说，伙伴关系网络通过部分影响吸收能力来影响企业创新绩效。本来没有考虑吸收能力情况下，伙伴关系网络与创新绩效之间的因子负载为 0.80，引入吸收能力作用后，它们之间的因子负载变为 0.22，0.22 小于

0.80，所以伙伴关系网络通过部分影响吸收能力来影响企业创新绩效。本研究假设 4 预测，吸收能力在伙伴关系网络与企业创新绩效之间起中介作用，所以本研究假设 4 得到了验证。

从图 6-6 可以看到，资助关系网络与吸收能力有显著的正相关关系，它们之间的因子负载为 0.22；吸收能力与创新绩效之间存在显著正相关关系，它们之间的因子负载为 0.59；资助关系网络与创新绩效之间存在显著正相关关系，它们之间的因子负载为 0.19。在没有考虑吸收能力的情况下，资助关系网络与创新绩效之间存在显著的正相关关系，它们之间的因子负载为 P。所以，当考虑吸收能力的中介作用时，资助关系网络对吸收能力之间也存在正相关关系，但是它们之间的因子负载变为 0.19。上面四个条件总结起来就是：①伙伴关系网络与吸收能力有显著性相关关系。②吸收能力与创新绩效有显著性相关关系。③资助关系网络与创新绩效有显著性相关关系。④在引入吸收能力的情况下，资助关系网络与创新绩效之间还是显著正相关关系。那么本书就应该认为吸收能力是起部分中介作用的。也就是说，资助关系网络通过部分影响吸收能力来影响企业创新绩效。本来没有考虑吸收能力情况下，资助关系网络与创新绩效之间的因子负载为 0.77，引入吸收能力作用后，它们之间的因子负载变为 0.19，0.19 小于 0.77，所以资助关系网络通过部分影响吸收能力来影响企业创新绩效。本研究假设 6 预测，吸收能力在资助关系网络与企业创新绩效之间起中介作用，所以本研究假设 4 得到了验证。

# 本章小结

通过层次回归分析与结构方程模型的实证检验，本书所提出的 6 个研究假设全部通过实证检验。①吸收能力在企业外部网络与创新绩效之间起部分中介作用。②吸收能力在企业外部网络与创新绩效之间起调节作用。③吸收能力在伙伴关系网络与创新绩效之间起部分中介作用。④吸收能力在伙伴关系网络与创新绩效之间起调节作用。⑤吸收能力在资助关系网络与创新绩效之间起部分中介作用。⑥吸收能力在资助关系网络与创新绩效之间起调节作用。

# 第七章 不同吸收能力下的 企业网络效应

通过以上理论探讨和实证分析，本书对中小企业集群网络发展模式、网络内中小企业发展模式、网络特征对企业创新的影响等进行了全面剖析，还探讨了外部网络怎样通过影响自身吸收能力来提高企业创新。然而，外部网络是企业外部社会资本，在讨论其对企业创新绩效影响问题上受到企业自身吸收能力影响，前面的实证研究也证实了这一点：吸收能力在企业外部网络与创新绩效之间同时起调节和中介作用。在相同外部网络条件下，具有不同吸收能力的企业把外部知识转化为创新成果的能力和效果也是不一样的。那么，哪些因素影响企业的吸收能力呢？而在不同影响因素下企业的创新绩效有何差别呢？在这些不同因素的影响下，企业外部网络与创新绩效的关系又如何呢？

## 第一节 吸收能力影响因素分析

吸收能力是资源基础理论（RBVT）重点关注的企业内部特质资源，自 Cohen 和 Levinthal（1990）[①]首次提出吸收能力的概念后，便得到了广泛关注，并逐渐被用于不同领域的各种组织现象，包括战略管理、技术管理和网络经济。吸收能力是企业在竞合环境下识别、获取、消化、转化并利用网络内各

---

[①] Cohen, J. & Levinthal, D. A.. Absorptive Capacity: A New Perspective on Learning and Innovation [J]. Administrative Science Quarterly, 1990, 35 (1): 128 –152.

种知识和信息的能力。吸收作为一种技术进步的过程，影响因素涉及的范围很广泛，根据以上吸收能力五个构成部分以及综合前人研究结论，本书总结影响本地企业吸收能力的主要因素（见图7－1）。

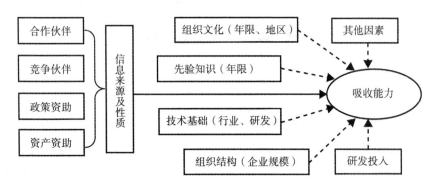

图7－1　影响企业吸收能力的因素

## 一、信息和知识的来源和性质

企业获取外部知识和信息的来源各不相同，来源的多样性，对本土中小企业进行相应的识别、接受、吸纳和转化将会产生极大的阻力。此外，企业接触这些信息和知识是提高自身创新能力的源泉，伙伴网络、资助网络正为其提供了这些接触的机会和渠道。

## 二、先验知识

本土企业过去的利用外来知识和信息进行创新的经验对其未来进一步自主创新和发展具有重要的指导作用。因为，本地中小企业在惯性导向的作用，倾向于在有成功经验的项目上寻找先进的外部信息和知识，以往成功与否的决策经验教训会影响以后战略决策的选择。可见，企业成立年限的多少正是先验知识积累的过程和体现。

## 三、技术基础

企业在吸收和转化来自外部的新知识时，原有的技术基础将起重要作用。存在于外部的信息和知识是没有规律可循的，或者说是没有固定模式的，这给理解和吸纳它带来较高的难度和风险。当本地企业自身不具备相应的能力去识别和理解时，吸收过程就会变得格外困难。所以，技术基础比较好的本地企业，能较快地进行吸收创新，吸收能力比较高。所属行业和研发情况是本地企业技术基础最关键的因素。

## 四、组织结构与文化

组织层级通过影响本地企业获取知识的深度和广度来影响其吸收能力，而组织文化则通过影响本地企业对信息的获取、利用及学习的程度。一般来说，企业规模较大、成立时间较长，那么其内部网络结构越完善，组织文化越有创新意识，就越容易获取其他组织的知识，吸收能力水平也就越高。企业所在地区有着不同文化背景和竞争环境，这也是影响企业组织文化和结构设置的关键因素。

## 五、自主研发能力

企业的技术变革一般不是突破型的，而是渐进型的，这需要通过企业经常的研发活动逐渐积累起来。自主研发实力指企业营造科研氛围、估计科研活动、研制新产品和新工艺的能力，它与自身吸收能力提升是紧紧相连的。因为，研发具有刺激创新并改善企业识别、消化和利用外部知识的能力，技术外溢并不是外资企业的必然结果，本地企业必须具备这些获取的能力。

## 六、其他因素

包括企业家能力，国际汇率等的影响，这些都难以得到量化。所以本书放到后面个案访谈中进行谈论。

# 第二节　研究设计

为了与前面章节中实证研究的研究设计部分进行区分，下面将重新阐述本章的研究思路、数据来源、变量测定以及初步检验。

## 一、本章研究思路

由图 7 - 1 可知，企业吸收能力的影响因素很多，但是本章关注的是企业外部网络中哪些网络成员（信息来源及性质：合作伙伴、竞争伙伴、政策资助或资产资助）对提高其吸收能力和创新绩效有作用。下面是本章研究的思路：首先，影响本地企业吸收能力的因素有很多，通过上面文献研究找出这些因素，并对其进行量化。其次，在控制其他变量影响的情况下，通过多元回归分析探讨技术外部网络与企业吸收能力和创新绩效之间的关系。再次，不同控制变量条件下，视为不同企业吸收能力条件下，比较外部网络和外部网络对创新绩效的影响情况。最后，通过上面规范分析和实证研究结论，结合对本地企业进行实地访谈给出解释并为企业制定创新战略提供建议。

另外，本章采用回归分析、相关分析和非参数检验的方法进行实证分析。

## 二、数据说明

本章实证研究数据来源于前面第五章的花边内衣行业部分，只能根据变量重新定义进行了部分调整，数据收集情况和说明见第五章。本书在这里对一些具体信息进行说明，发放问卷总数220份，回收问卷总数167份，回收率75.91%；有效问卷143份，有效问卷率65.00%。另外，受访企业成立年限超过9年的有59家（41.26%）；员工人数超过100人的有47家（32.87%）。

## 三、变量重新定义与测量

对于吸收能力、外部网络以及技术创新绩效变量的测量条目本书参考了已有的研究成果，并根据实际研究对象、内容和可行性进行了调整。

### （一）外部网络

外部网络的衡量则主要参考了Thorelli（1986）[①]以及张世勳（2002）[②]的测量题项，从网络规模、网络强度、网络互惠度来衡量。前面本书已经根据企业经常联系的网络成员性质分为了伙伴网络和资助网络，根据深度访谈需要进一步细分进行分析。将这八种网络成员分为合作伙伴（上下游企业）、竞争伙伴（同行企业）、政策资助（政府机构、行业协会）、资产资助（大学科研机构、银行金融机构）。其中，合作伙伴、政策资助和资产资助各有八个题项，竞争伙伴有四个题项，都从网络规模、网络强度、网络互惠度来度量。

### （二）吸收能力

吸收能力是指企业能够理解已获得的有用知识和信息、识别其对现有知识的用途，并用于工艺创新、新产品开发等方面的综合情况。本研究根据Wong和Shaw（1999）与Jansen和Bosch（2005）的建议，采用"过程方式"

---

① Thorelli, H. B.. Networks: Between Markets and Hierarchies. [J] Strategic Management Journal, 1986, 7 (1): 37-51.
② 张世勳. 地理群聚内厂商之网络关系对其竞争力影响之研究 [D]. 中国台湾朝阳科技大学硕士学位论文, 2002 (4).

的七个题项对吸收能力进行测量。

（三）创新绩效

创新绩效的衡量则主要参考了 Cooke 和 Clifton（2002）[①]以及张方华（2004）[②]的测量题项，从创新效率和创新效益两个方面来测量创新绩效。一共采用六个题项，这些问题如下：过去三年间平均的情况和趋势：①公司新产品开发数量很突出。②公司的新产品开发数量比其他同行企业突出。③公司新产品开发速度很快。④公司新产品开发速度比其他同行企业快。⑤公司新产品产值占销售总额比重很高。⑥公司新产品产值占销售总额比其他同行企业高。

（四）控制变量

相关研究告诉本书企业自身情况以及组织和环境等因素可能对企业技术创新产生影响，所以本研究对以下可能影响企业吸收能力和创新绩效的因素进行控制：企业成立年限、企业规模（员工人数）以及研发投入情况。根据问卷信息，本书把企业成立年限是否大于平均年限（9 年）和员工人数是否大于 100 人进行区分，如果是则令其为"1"，否则为"0"。对于研发投入情况，根据 Veugelers（1997）[③]的建议，本书采用 2007 年企业从事技术研发有关的员工占总员工比重来测量。

## 四、信度与效度分析

如表 7 – 1 所示，各个变量的 Cronbach α 值均大于 0.70，说明本研究的问卷设计在内容一致上的可信度良好。基本各个变量的因子负荷都大于

---

① Cooke & Clifton. Social Capital and Small Medium Enterprise Performance in the United Kingdom [R]. Paper Prepared for Workshop on Entrepreneurship in the Modern Space – Economy：Evolutionary and Policy Perspectives, 2002.

② 张方华. 企业的社会资本与技术合作 [J]. 科研管理, 2004, 25（2）：31 – 36.

③ Veugelers, R. Internal R&D Expenditures and External Technology Sourcing [J]. Research Policy, 1997（26）：303 – 315.

0.75，累积因素解释量都高于 0.70，所以量表具有很好的建构效度（马庆国，2002）。[①]

表 7 - 1 量表效度和信度分析

| 变量/指标 | α 值 | 因子负荷 | 因素分析解释量 | 变量/指标 | α 值 | 因子负荷 | 因素分析解释量 |
|---|---|---|---|---|---|---|---|
| 吸收能力 | 0.843 | | 0.77532 | 竞争伙伴 | 0.835 | | 0.75346 |
| AC1 | | 0.821 | | CP1 | | 0.831 | |
| AC2 | | 0.801 | | CP2 | | 0.805 | |
| AC3 | | 0.810 | | CP3 | | 0.784 | |
| AC4 | | 0.763 | | CP4 | | 0.790 | |
| AC5 | | 0.721 | | 政策资助 | 0.752 | | 0.70432 |
| AC6 | | 0.753 | | PSS1 | | 0.773 | |
| AC7 | | 0.712 | | PSS2 | | 0.756 | |
| 创新绩效 | 0.861 | | 0.78321 | PSS3 | | 0.811 | |
| IP1 | | 0.839 | | PSS4 | | 0.778 | |
| IP2 | | 0.783 | | PSS5 | | 0.742 | |
| IP3 | | 0.801 | | PSS6 | | 0.762 | |
| IP4 | | 0.795 | | PSS7 | | 0.781 | |
| IP5 | | 0.794 | | PSS8 | | | |
| IP6 | | 0.773 | | 资产资助 | 0.789 | | 0.71092 |
| 合作伙伴 | 0.812 | | 0.73232 | APS1 | | 0.730 | |
| CP1 | | 0.782 | | APS2 | | 0.704 | |
| CP2 | | 0.732 | | APS3 | | 0.752 | |
| CP3 | | 0.732 | | APS4 | | 0.771 | |
| CP4 | | 0.779 | | APS5 | | 0.727 | |
| CP5 | | 0.772 | | APS6 | | 0.743 | |
| CP6 | | 0.807 | | APS7 | | 0.737 | |
| CP7 | | 0.742 | | APS8 | | 0.779 | |
| CP8 | 0.806 | | 0.74324 | | | | |

[①] 马庆国．管理统计：数据获取、统计原理、SPSS 工具与应用研究 [M]．北京：科学出版社，2002：350 - 400.

# 第三节　实证分析

基于以上对影响吸收能力因素的详细分析，下面本书将进行系统检验。首先，采用多元回归分析对总体情况进行检验。其次，采用非参数检验和层次回归分析方法比较不同企业规模、成立年限和自主研发情况下不同网络特征对企业创新绩效的影响。

## 一、总体检验

采用 SPSS13.0 统计软件进行多元回归分析，结果如表 7-2 所示。从表 7-2 的（1）可知，模型的总体显著性程度很高（$F = 18.302$，$P < 0.01$），$R^2$ 为 0.532，说明该模型在 53.2% 的程度上解释了外部网络对企业吸收能力的贡献。合作伙伴、竞争伙伴和政策资助都分别与企业吸收能力存在显著的正相关关系，回归系数分别为 0.264（$P < 0.01$）、0.207（$P < 0.01$）、0.123（$P < 0.05$）。另外，控制变量中，成立年限、企业规模和研发投入都与吸收能力有关，回归系数分别为 0.108（$P < 0.10$）、0.242（$P < 0.01$）、0.196（$P < 0.01$）。

表 7-2　总体多元回归结果

| 变量 | （1）被解释变量：吸收能力 | | （2）被解释变量：创新绩效 | |
|---|---|---|---|---|
| | 标准化回归系数 | t 值 | 标准化回归系数 | t 值 |
| 合作伙伴 | 0.264 | 4.214 *** | 0.253 | 3.933 *** |
| 竞争伙伴 | 0.207 | 2.873 *** | 0.248 | 3.743 *** |
| 政策资助 | 0.123 | 1.886 ** | 0.165 | 2.236 ** |
| 资产资助 | 0.063 | 0.837 | 0.090 | 1.105 |
| 吸收能力 | — | — | 0.215 | 3.105 *** |
| 成立年限 | 0.108 | 1.691 * | 0.100 | 1.401 |
| 企业规模 | 0.242 | 3.591 *** | 0.250 | 3.895 *** |

续表

| 变量 | （1）被解释变量：吸收能力 | | （2）被解释变量：创新绩效 | |
|---|---|---|---|---|
| | 标准化回归系数 | t 值 | 标准化回归系数 | t 值 |
| 研发投入 | 0.196 | 2.728 *** | 0.133 | 2.055 ** |
| F 值 | 18.302 *** | | 20.163 *** | |
| $R^2$ | 0.532 | | 0.553 | |
| 调整的 $R^2$ | 0.504 | | 0.515 | |

注：* 表示 P < 0.10 的水平上显著；** 表示 P < 0.05 的水平上显著；*** 表示 P < 0.01 的水平上显著（双边检验）。

从表 7 - 2 的（2）可知，模型的总体显著性程度很高（F = 20.163，P < 0.01），$R^2$ 为 0.553，说明该模型在 55.3% 的程度上解释了外部网络和吸收能力对企业创新绩效的贡献。合作伙伴、竞争伙伴、政策资助和吸收能力都分别与企业创新绩效存在显著的正相关关系，回归系数分别为 0.253（P < 0.01）、0.248（P < 0.01）、0.165（P < 0.05）、0.215（P < 0.01）。另外，控制变量中，只有企业规模和研发投入与创新绩效有关，回归系数分别为 0.250（P < 0.01）、0.133（P < 0.05）。

## 二、企业规模的比较

从表 7 - 3 左边（非参数检验差异）可以看出，对于政策资助网络和资产资助网络作用，规模较大企业的回答都显著大于规模较小企业（$Z^a$ 值分别为 - 1.781 和 - 2.205，且在 10% 和 5% 的水平上显著）。对于合作伙伴网络和竞争伙伴网络的作用，两个类型企业则不存在显著的差别（$Z^a$ 统计值为 - 0.051 和 - 0.007）。这表明政策和资产（有形资产和无形资产）对规模较大企业非常重要，而且规模较大企业比较能利用好来自政府和行业协会等的政策信息，并且充分吸收来自金融机构的资金支持以及拓展与科研机构的合作。而规模较小企业则简单地通过进行维持生存的合作与竞争伙伴的沟通获取必要信息。

表7-3 非参数检验与相关分析（企业规模）

| 外部网络 | 企业类型 | Z[a] 值 | 变量 | | | |
|---|---|---|---|---|---|---|
| | | | 1 | 2 | 3 | 4 |
| 合作伙伴 | 规模较大 | −0.051 | 1 | 0.308 *** | 0.071 | 0.032 |
| | 规模较小 | | | | | |
| 竞争伙伴 | 规模较大 | −0.007 | 0.313 *** | 1 | 0.361 *** | 0.236 ** |
| | 规模较小 | | | | | |
| 政策资助 | 规模较大 | −1.781 * | 0.082 | 0.160 | 1 | 0.141 |
| | 规模较小 | | | | | |
| 资产资助 | 规模较大 | −2.205 ** | 0.127 | 0.091 | 0.157 | 1 |
| | 规模较小 | | | | | |

注：[a] 非参数检验（U test）。相关矩阵左下角是规模较大企业，右上角是规模较小企业。

* 表示 $P < 0.10$ 的水平上显著；** 表示 $P < 0.05$ 的水平上显著；*** 表示 $P < 0.01$ 的水平上显著。

表7-3 右边则给出了四种网络成员之间的相关关系情况。对于规模较大企业，竞争伙伴网络分别与合作伙伴网络、政策资助网络和资产自主网络都存在显著正相关关系（$r_{12} = 0.308$，$P < 0.01$；$r_{23} = 0.361$，$P < 0.01$；$r_{24} = 0.236$，$P < 0.05$）。对于规模较小企业，则只有竞争伙伴网络与合作伙伴网络的正相关关系得到证实（$r_{21} = 0.313$，$P < 0.01$）。这充分说明了规模较大企业，其与外部网络成员的联系是比较多样性的，而与这些不同网络成员的互动也使得它们自如地发挥优势和获取需要的信息。规模较小企业的外部网络成员则相对比较单调，它们获取的政策与资产资助也比较少，或者是它们没有能力获取或者使用这些资助。

另外，通过分组回归比较不同规模企业其不同外部网络对创新绩效的作用（结果见表7-4），两模型的总体显著性程度很高（$F = 4.259$，$P < 0.01$；$F = 3.961$，$P < 0.01$）。从表7-4 中可以发现，不同规模企业下企业创新情况的三个特点：第一，不管是什么规模的企业，其合作伙伴和竞争伙伴都对其创新绩效作了很大的贡献，显著为正；第二，不管是什么规模的企业，政策资助对企业进行创新活动的效果也有显著的影响，但是规模较大企业的影响比较大；第三，对于资产资助的作用，规模较大企业表现是显著为正的（回归系为0.243，$P < 0.10$），而规模较小企业则没能给出肯定的回答。

表7-4　不同规模企业多元回归结果

| 变量 | 被解释变量：企业创新绩效 | |
| --- | --- | --- |
| | 较大规模企业 | 较小规模企业 |
| 合作伙伴 | 0.367（2.945 ***） | 0.281（2.084 **） |
| 竞争伙伴 | 0.302（2.433 **） | 0.207（14.964 ***） |
| 政策资助 | 0.340（2.718 ***） | 0.266（1.951 *） |
| 资产资助 | 0.243（1.793 *） | 0.141（1.199） |
| 成立年限 | 0.205（1.557） | 0.129（1.115） |
| 研发投入 | 0.292（2.382 **） | 0.197（1.478） |
| F 值 | 4.259 *** | 3.961 *** |
| $R^2$ | 0.482 | 0.460 |
| 调整的 $R^2$ | 0.446 | 0.431 |

注：* 表示 $P<0.10$ 的水平上显著；** 表示 $P<0.05$ 的水平上显著；*** 表示 $P<0.01$ 的水平上显著（双边检验）。

## 三、企业成立年限的比较

从表7-5左边（非参数检验差异）可以看出，对于竞争伙伴网络和资产资助网络作用，成立年限较长企业的回答都显著大于成立年限较短企业（$Z^a$ 值分别为 -1.953 和 -2.619，且在10%和5%的水平上显著）。对于合作伙伴网络和政策资助网络的作用，两个类型企业则不存在显著的差别（$Z^a$ 统计值为 -0.021 和 -1.468）。这表明这个行业同行业企业之间的合作比竞争更受欢迎，而竞争其实也是一种"良性"的合作关系，成立年限较短的企业刚开始不能适应将自身资源和信息共享于同行竞争对手，但是随着经营时间的增长也自然融入这种合作竞争的氛围当中，所以成立年限较长企业具有更好的竞争伙伴网络。另外，对于金融机构的资金以及科研机构的专利的支持，成立年限较长的企业比成立年限较短的企业更加善于使用这些资源在这个行业里面也得到了验证。

表7-5右边则给出了四种网络成员之间的相关关系情况。对于成立年限

较长企业，竞争伙伴网络分别与合作伙伴网络和资产资助网络都存在显著正相关关系（$r_{12} = 0.182$，$P < 0.10$；$r_{24} = 0.241$，$P < 0.05$）。成立年限较长企业，则只有竞争伙伴网络与合作伙伴网络的正相关关系得到证实（$r_{21} = 0.227$，$P < 0.05$）。这进一步说明了成立年限较长企业，其通过与企业网络成员的合作来获取竞争对手的途径比成立年限较短企业丰富，不但有合作伙伴网络，还善于利用资产资助网络的作用。

表7-5  非参数检验与相关分析（成立年限）

| 外部网络 | 企业类型 | $Z^a$ 值 | 变量 | | | |
|---|---|---|---|---|---|---|
| | | | 1 | 2 | 3 | 4 |
| 合作伙伴 | 年限较长 | -0.021 | 1 | 0.182 * | 0.108 | 0.062 |
| | 年限较短 | | | | | |
| 竞争伙伴 | 年限较长 | -1.953 * | 0.227 ** | 1 | 0.131 | 0.241 ** |
| | 年限较短 | | | | | |
| 政策资助 | 年限较长 | -1.468 | 0.118 | 0.060 | 1 | 0.009 |
| | 年限较短 | | | | | |
| 资产资助 | 年限较长 | -2.619 ** | 0.092 | 0.002 | 0.143 | 1 |
| | 年限较短 | | | | | |

注：$^a$ 非参数检验（U test）。相关矩阵左下角是年限较长企业，右上角是年限较短企业。

* 表示 $P < 0.10$ 的水平上显著；** 表示 $P < 0.05$ 的水平上显著；*** 表示 $P < 0.01$ 的水平上显著。

另外，通过分组回归比较不同年限企业其不同外部网络对创新绩效的作用（结果见表7-6），两模型的总体显著性程度很高（$F = 6.437$，$P < 0.01$；$F = 5.861$，$P < 0.01$）。从表7-5中可以发现，不同规模企业下企业创新情况的两个特点：第一，关于合作伙伴网络、竞争伙伴网络和政策资助网络对企业创新绩效的作用，成立年限不同的企业都做了肯定的回答，都是显著为正的；第二，成立年限较长企业，其资产资助网络对创新绩效现在为正的作用得到了肯定（回归系数为0.249，$P < 0.10$），而成立年限较短企业则得不到统计上的支持。

### 表7-6　不同年限企业多元回归结果

| 变量 | 被解释变量：企业创新绩效 | |
| --- | --- | --- |
| | 成立年限较长企业 | 成立年限较短企业 |
| 合作伙伴 | 0.281（2.230 **） | 0.338（2.692 ***） |
| 竞争伙伴 | 0.262（1.910 *） | 0.359（2.904 ***） |
| 政策资助 | 0.296（2.410 **） | 0.330（2.709 ***） |
| 资产资助 | 0.249（1.820 *） | 0.093（0.802） |
| 企业规模 | 0.274（2.142 **） | 0.142（1.285） |
| 自主研发投入 | 0.103（0.939） | 0.023（0.286） |
| F 值 | 6.437 *** | 5.861 *** |
| $R^2$ | 0.525 | 0.492 |
| 调整的 $R^2$ | 0.501 | 0.468 |

注：* 表示 $P < 0.10$ 的水平上显著；** 表示 $P < 0.05$ 的水平上显著；*** 表示 $P < 0.01$ 的水平上显著（双边检验）。

## 四、自主研发投入的比较

对于企业的自主研发投入，根据 Veugelers（1997）[1]的建议，本书采用 2007 年企业从事技术研发有关的员工占总员工比重来测量。为了检验自主研发投入的作用，本书采用自主研发投入与各网络成员的相乘项放到回归方程中通过层次回归分析进行说明和比较。由表 7-2 可见，吸收能力越好的企业，其创新绩效就会越好，就是吸收能力与创新绩效为显著的正相关关系（回归系数为 0.215，$P < 0.01$）。然而，研发投入高的企业，其外部四种网络成员转化为创新绩效的能力就都越强呢？也就是说，自主研发投入是否在之间起调节作用？

从表 7-7 可知，只有合作伙伴研发投入的相乘项和竞争伙伴与研发投入的相乘项与企业吸收能力存在显著的正相关关系，回归系数分别为 0.361（$P < 0.01$）和 0.273（$P < 0.05$）。政策资助与研发投入的相乘项和资产资助

---

① Veugelers, R . Internal R&D Expenditures and External Technology Sourcing [J]. Research Policy, 1997（26）：303-315.

与研发投入的相乘项与企业吸收能力则不存在显著的正相关关系，回归系数分别为 0.151 和 0.120。这说明研发投入在合作伙伴网络与吸收能力之间以及竞争伙伴网络与吸收能力之间都起调节作用，也就是说研发投入力度越大的企业，其摄取和利用合作伙伴网络和竞争伙伴网络的信息就越充分，吸收能力就越强。

表7-7 外部网络、自主研发投入与吸收能力

| 模型 | 解释变量 | 被解释变量 | 回归系数 |
| --- | --- | --- | --- |
| 模型1 | 合作伙伴×自主研发投入 | 吸收能力 | 0.361 *** |
| 模型2 | 竞争伙伴×自主研发投入 | 吸收能力 | 0.273 ** |
| 模型3 | 政策资助×自主研发投入 | 吸收能力 | 0.151 |
| 模型4 | 资产资助×自主研发投入 | 吸收能力 | 0.120 |

注：* 表示 P < 0.10 的水平上显著；** 表示 P < 0.05 的水平上显著；*** 表示 P < 0.01 的水平上显著（双边检验）。

根据层次回归分析结果，得到相关函数表达式，本书得到了图 7-2 和图 7-3。数据研究表明，高研发投入调节下吸收能力直线的斜率明显大于低研发投入调节下吸收能力直线的斜率（见图 7-2 和图 7-3）。图 7-2 和图 7-3 都说明研发投入高分群体的特征是创新资源更充足、创新基础更好以及对外部信息更敏感等，低分群体的特征是缺乏创新资源、创新基础较差以及对外部信息不敏感等。所以，研发投入高分群体比低分群体的吸收能力更好。

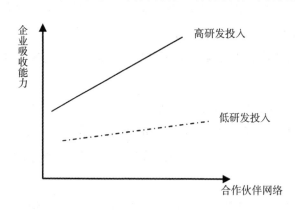

图7-2 自主研发投入在合作伙伴与吸收能力间起调节作用

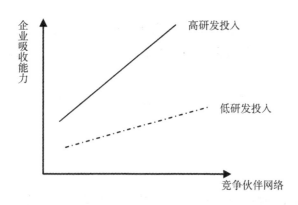

**图7-3　自主研发投入在竞争伙伴与吸收能力间起调节作用**

# 第四节　个案讨论

通过问卷调查获取汕头花边内衣行业143家企业数据进行实证研究，探讨了不同吸收能力影响因素下，四种不同外部网络与创新绩效和吸收能力的关系。为了更好验证以上问题，本书选择四家企业进行针对性"问答式"深度访谈。深度访谈采取逐家企业的访谈方式进行，每家企业选取一名负责人员，采用问答方式进行：饶美花边副总李先生（老总表弟）、高雄织带的创办者林总、丽新花边的总经理助理郑小姐、新田花边的副总柳小姐（老总妹妹）。这些访谈人员在本企业工作都已超过五年，对本企业以及该行业情况也都相当了解。

## 一、企业基本情况介绍

（一）饶美花边内衣（R）

该公司位于汕头市潮南区峡山镇，成立于1996年，现生产总部在谷饶，拥有各类电脑机 20 余台，标准化厂房 500 多平方米，各类员工人数 70 人左右。现生产总部在谷饶，设有 1 家内衣店面在峡山金光路、1 家内衣店面在广州国际轻纺城、1 家花边店面在谷饶镇谷贵路，典型的"前店后厂"经营模式。

选择理由：集群网络内中等规模企业、典型"前店后厂"经营模型、花边内衣同时经营。

（二）高雄织带（G）

该公司位于汕头市潮南区峡山镇，成立于 2002 年，各类员工 15 名左右，没有自己的生产线，全部原料都是委托生产以及向区内其他厂家订货经营，经营和储备货物面积 100 多平方米，经营各类织带（内衣原料一种）。设有一家店面在峡山金光路，一家店面在谷饶镇谷贵路。

选择理由：集群网络内小规模企业、成立年限少、单一经营模式、刚起步经营没有自己的生产线企业。

（三）丽新花边有限公司（L）

该公司位于汕头市潮南区峡山镇，成立于 1987 年，原峡山针织二厂，拥有标准化厂房 20000 多平方米，各类员工 500 多名，是广东省电脑绣花行业中的知名企业。本公司现已引进具有国际先进水平的生产设备飞梭电脑绣花机 10 多台套，电脑多头刺绣机 80 多台套，一流的电脑设计制版中心，科学的技术管理，优秀的营销人才队伍、管理团队和技术人才队伍和完善的销售网络。现生产总部在峡山，设有 5 个销售办事处（销售店面）：峡山金光路、广州国际轻纺城 2 家、广州中大瑞康大厦、揭阳普宁流沙桥。

选择理由：该集群网络内中等规模企业、各类产品和店面都比较齐全企业代表。

（四）新田花边（X）

该公司位于汕头市潮南区峡山镇，成立于 1991 年，现生产总部在谷饶，拥有各类员工人数 40 人左右。设有 1 家内衣店面在峡山广祥路、1 家内衣店面在广州国际轻纺城，有自己的研发机构，产品售往世界各地。

选择理由：与外商联系多、重研发的小规模企业。

## 二、企业基本情况问题回答记录

（一）问：企业是怎么成立的（需要什么条件和基础)？

答：R，郑总之前做过服装、食品等生意，但都不如意，最后在其姑姑帮助下创办饶美花边，刚创办时只从事一些花边销售，没有自己厂房。

G，初中毕业一直都想做生意，先在这里一家叫润田花边的做了 8 年销售，最后在向亲戚朋友借了钱租了店面并开始了生意，还算顺利。

L，该公司是由老总创办的，老总有四兄弟，大哥在公司帮忙，二哥管理一家当地运输公司，小弟在华南理工大学读书，老总的父亲以前是做服装生意。

X，爸爸在 1991 年创办该厂后，于 2002 年交由哥哥管理，哥哥一向都重视新产品开发和重视国外市场。

总结：该区域内企业都是在有一定商业基础或者背景下成立的。包括亲戚朋友的协助或者家族有从商经验或者自身一段时间的从商经历等。

（二）问：该企业（厂）是怎样进行经营管理的（有没具体分工)？

答：R，公司所有事项都需要郑总或者我点头，没有具体分工。

G，我喜欢使用自己亲戚，因为外人靠不住，没有分工。

L，感觉老总一直都很忙，但是他什么事都照顾得到，如果老总不在公司一直都是其大哥代管理，公司没有具体分工。

X，大哥不喜欢使用自己亲戚，喜欢招聘从外企出来的技术人才，本公司有自己的销售部门和技术生产部门。

总结：该区域内的企业管理都是家族式管理，以自己亲戚作为下属，"亲力亲为式"管理模式，个别企业重视研发工作和人才引进。

（三）问：该企业（厂）战略如何（未来发展规划怎样）？

答：R，我们的目标就是把企业做大，能上市最好。

G，觉得这个行业发展前景一般，所以计划转做其他。

L，老总一再强调只要能让家人过得好就是自己最大的幸福，努力工作把企业做好，也不想做多大。

X，本公司想做技术性企业路线，未来发展成为内衣设计的企业。

总结：该区域内的企业战略管理目标都不明确，缺乏系统的企业战略规划。

## 三、企业与外部网络成员关系问题问答记录

（一）问：与贵企业（厂）经常来往的企业（厂家）有哪些，都在哪里？

答：R，与本公司来往的客户主要都是区内厂家，也有来自全国客户，国外客户一般是迪拜、土耳其和法国，经常需要运输公司和普宁染厂联系。

G，本公司织带的原料都是谷饶固定几个厂家提供，本公司的货物主要在峡山销售，客户来自汕头、广州、中国台湾以及欧洲，有固定的运输和染厂联系。

L，原料来源都不固定，基本都在陈店和谷饶拿的，本公司的客户主要是国内，国外较少，主要是迪拜、欧洲等，自己有运输公司，主要与两家染厂联系。

X，本公司的原料都在峡山拿的，本公司客户国外居多，有固定挂钩的染厂。

总结：该区域内企业的供应商基本都在区域网络内，顾客也基本在网络内（虽然有些顾客分布在区外），其他企业（运输公司和染厂等）基本也都在区内而且固定。

（二）问：与这些企业有经常来往吗？

答：R，只要有生意来，就需要采购原料，就需要去染色和快递公司托运，所以来往多少取决于生意。

G，算经常来往，天天打交道。

L，本公司应该谁都离不开谁，只要想做生意，都算是一个整天，每时每刻都在联系。包括有时候缺货都可以到同行先借或者把生意推荐给他们。

X，经常联系。

总结：该区域内的企业与其伙伴网络成员联系非常紧密，强度、规模和互惠度都比较高。

（三）问：经常与政府和行业协会联系吗？他们对你们帮助大吗？

答：R，本公司这里好像没有什么行业协会，就是几个厂家有组成的一些联系。政府好像没给本公司提供什么，接触也比较少。

G，一般政府过来收税，当地协会过来收租金有联系。

L，当地政府还是对本公司挺关心，他们也为本公司发展维护了安全的环境，正规行业协会好像没有。

X，好像联系不多。

总结：该地区没有大规模、正规化、合法化的行业协会，当地政府也没发挥应有作用，或者是其作用没被当地企业发现。

（四）问：经常与金融机构（银行）或科研机构（大学）联系吗？它们对你们帮助大吗？

答：R，有时候取钱存钱就到银行，与大学联系不多，作用不大吧。

G，银行就是存取钱联系多，我参加中山大学汕头课程班学习。

L，以前曾经给银行贷款过，但是现在很少。本公司还聘请过汕头大学和韩山学院教授作过指导。

X，银行联系比较多，大学好像没有。

总结：该地区金融机构发挥作用不大，其作用仅限于借贷，融资功能没能更好体现出来。所以联系也不多，作用也体现不出来。

## 四、企业其他情况问答记录

（一）问：你们重视研发（新产品开发）吗？有没自己的研发机构？

答：R，本公司关注和重视新产品，也在努力组建这样的研发新产品机构。

G，本公司知道新产品很重要，但没有研发机构。

L，本公司有师傅开发新产品的，但谈不上专门的机构，这个挺重要的。

X，本公司基本上都在做这个，就是新产品的开发工作。

总结：该区域内企业都非常重视和关注新产品的研发，拥有自己的研发机构只是时间的问题，新产品对他们都非常重要。

（二）问：在这个行业内生存与发展，您认为什么是最重要的（用几个词概括）？

答：R，诚信、声誉、产品质量、员工。

G，名声（声誉）、品质（产品质量）、态度。

L，诚信经营、品质（产品质量）、服务、公司管理、员工。

X，产品品质、创新、诚信、营销。

总结：该区域内企业运行的基础便是信用，靠诚信支撑网络与不同成员之间的长期关系，以此来维持联系。另外，只有较大企业才认为管理以及员工对其很重要，营销对其来说没其他行业那么重要，只要产品质量做好了，自然有好的销路。

## 五、访谈结果总结

另外，根据本书实地调研中还发现了其他一些鲜为人知的事情。

## （一）交易方式

这边普遍采用的是现金交易，即使一单在 10 万元以上都采用现金交易，有人说是为了避免给银行交手续费，有人说是为了避税，等等。从访谈结果看，这种行为是当地传统商业运作模式，因为当你提出采用转账时他们也不会拒绝（不避税），当地银行不需要交手续费，所以更有可能是当地的一种传统。

## （二）定金、合同问题

如果你需要订一批货物，可以不用交定金（或者很少），也不需要签订合同。大家的交易都是基于诚信基础上的合作。

## （三）价格和质量问题

很多情况下一种款色的花边几个店面价格差别很大，当问其原因时，都说是质量不相同的原因，事实上质量差不多。这说明这个网络内缺乏像"行业协会"这种协调和公布参考价格和标准质量等的机构，给外部客户进行采购和交易造成许多不便。

## （四）政府的形象

其实当地政府已经为这个行业做了很多事情，比如汕头人才市场每年都给几个行业提供了专场会便利他们吸收好员工和人才，当地政府也积极维护这里的治安和秩序等工作。当地政府在企业印象中是"畏惧和可怕"的，许多企业说政府人员一来肯定就要收税或者开罚单。这可能也是一些部门给了当地企业的"伤害"。所以，重新树立当地政府在企业中的形象，发挥政府和协会的作用需要付出更大的努力。

## （五）大学等研发机构

当地专门的研发机构几乎没有，大学就只有汕头大学一所重点大学，而且离该区域很远，所以可以考虑建立一些驻所当地的研究机构或者教育机构，以参与其新产品研发和培训教育当地企业管理人员和员工。

# 本章小结

根据以上案例分析，包括前面的实证研究和后面4家企业问答式的深度访谈，本书得出以下几点结论。

首先，企业与网络内伙伴关系网络成员（包括合作伙伴和竞争伙伴）的联系比较紧密，这为企业进行技术创新起到了重要的作用。

其次，企业与网络内资助关系网络成员（包括政策资助和资产资助）的联系相对较少，而且联系的紧密程度不同企业之间相差甚远，对企业进行技术创新的作用也不尽相同。

再次，企业对自身研发能力（吸收能力）都比较重视和关注，这对企业更好地进行技术创新提供保障。

最后，不同企业规模、不同成立年限和不同研发投入的企业，它们外部网络成员的联系情况也各不相同。

# 第八章 谷饶内衣名镇技术创新平台的构建与实践

谷饶镇位于潮汕汕头市潮阳区西北部，小北山南麓，处于潮阳、潮南、普宁、揭阳的交界处，省道洪和公路横贯全境，连接国道324线。东经116°24′，北纬23°21′，东邻西胪镇，南连铜盂镇，西接贵屿镇，北交金灶镇，距潮阳市区26千米，镇域面积71.8平方千米。谷饶，昔称赤寮。后因农业生产发达，清时改称谷饶，取其五谷丰登之意。1986年建制为谷饶镇。现有总人口13.2万人，外来流动人口3.5万人，海外华人、华侨、港澳台同胞10万多人，是潮阳区重点侨乡之一。

1983年，谷饶籍的海外华侨在谷饶投资第一家"三来一补"纺织企业谷饶文胸厂，从此揭开了谷饶生产针织内衣的序幕。随后由本地人张映昌等人办的文胸厂成为本地人办的第一个内衣企业，在谷饶加工，产品到香港销售，创出了品牌。20世纪80年代后期，内衣生产厂家如同雨后春笋般迅猛发展，织布厂、织带厂、印花厂、线厂等相关配套行业也应运而生，内衣产业规模不断壮大。2004年1月，谷饶镇被中国纺织行业协会、中国针织工业协会命名为"中国针织内衣名镇"。

谷饶镇的产业集群最大的特点是产业链较为完整、规模较大、针织内衣名牌多。一个针织产品的成品要24套工序、24个配件，谷饶当地都可以完成。2007年，全镇拥有企业800多家，其中针织内衣企业500多家。在20多年内衣生产中，这里先后涌现出了曼妮芬、奥丝蓝黛、韩姿娜、雪妮芳、霞黛芳、汾芳王、万康、彩婷、鸿姿情、姣莹等品牌，这些品牌在大浪淘沙的市场竞争中已取得了相当的成功。

现在，随着谷饶镇针织内衣行业的不断发展壮大，逐步开始向周边乡镇进行辐射，已形成了中国针织名镇——两英镇、中国家具服装名镇——峡山镇和中国内衣名镇——陈店镇等六个花边内衣专业镇。以谷饶为主要生产基地的这六个著名花边内衣名镇为汕头内衣商业广场的开张和经营创造了条件。随着区域合作的开展和技术创新的共享，这里成了一个以集内衣设计、生产、销售和技术不断创新的网络。依靠集群化地生产与经营，谷饶镇针织内衣业发展迅速，在国内外市场已赢得一定声誉。以产业链生产（捻线—经编针织—电脑绣花—洗染—成品加工）、先进设备采购（西德、瑞士、日本等国引进）、产品畅销国内外市场（美国、巴拿马、俄罗斯、日本、中国香港等30多个国家和地区）推动着谷饶内衣产业的不断协作、创新和发展。

## 第一节　区域创新平台中不同网络对象的作用

谷饶花边内衣行业集群中网络对象包括伙伴关系网络和资助关系网络。其中，伙伴关系网络包括上游企业（供应商）、下游企业（顾客）、同行企业（竞争企业）和其他相关企业（辅助企业）。资助关系网络包括政府机构、行业协会、大学等科研机构和银行等金融机构。下文本书针对28家企业的访谈，对这两大类八种网络对象的联系情况进行剖析（见图8-1）。

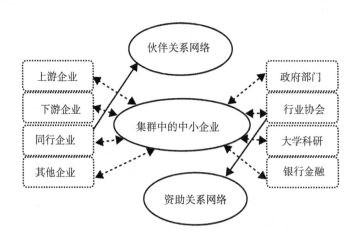

**图8-1　中小企业外部网络对象**

## 一、伙伴关系网络的维护

伙伴关系网络包括与企业经常联系的上游企业、下游企业、同行企业和其他相关企业。对谷饶 28 家花边内衣中小企业进行访谈后发现，全部的企业负责人都认为他们跟上面四种伙伴关系网络对象的联系与他们的企业创新能力和企业绩效有直接的关系。与这四种伙伴联系的频率和数量越多，说明该企业的交易量和交易额越大，该企业的产品和技术得到了消费者的认可，该企业当然能获取更大的发展空间和更好的企业绩效以及创新优势；与这四种伙伴联系的频率和数量越少，说明该企业的交易量和交易额越小，该企业的产品和技术尚未得到消费者的认可或者已经被市场边缘化，亟待进行结构调整和创新，否则将会被市场所淘汰。集群内企业的全部生产流程，包括织带、花边、布料、染色、包装、销售等，基本很难一条龙自主完成，一般都需要把其中某个或者多个环节外包给其伙伴关系网络（见图 8-2）。

这与本书的实证结果完全一致，伙伴关系网络的网络强度（联系频率）、网络规模（联系数量）和网络互惠度与企业的创新绩效是正相关的关系。所以，企业要想维持好的发展势头或者要扭转不良的经营绩效，都需要努力创建和维护伙伴关系网络。

## 二、政府与行业协会的角色

总体来说，政府应在企业集群发展中发挥协调、指挥、监督和服务等方面的作用。政府作为产业政策的制定者，以及与外部沟通的桥梁中介，要积极利用产业引导政策的制定，间接干预和指导企业集群的发展，平衡资源投入、优化当地产业结构、鼓励技术创新、防止集群内部成员企业间的盲目竞争和重复建设现象，从而减少集群成员企业创新过程中面临的不确定性和风险性；维护当地市场环境的健康发展，为当地企业发展建立良好的公共设施；利用财政和税收政策真正为企业提供好的融资渠道；积极引导企业创建和维护好产学研合作关系。从 2007 年开始，汕头市政府牵头鼓励当地校企合作，

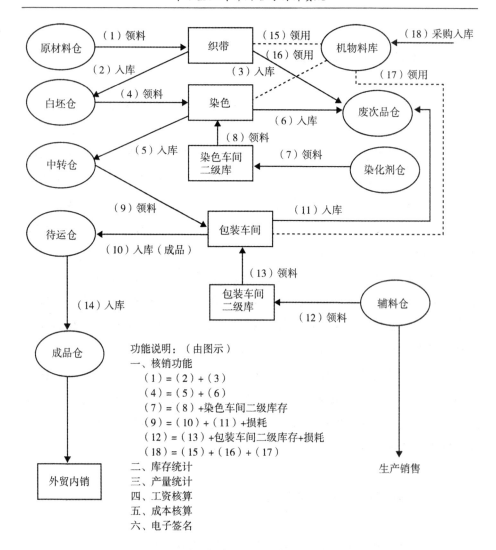

**图8-2 企业内部以及外包伙伴网络合作流程示意图**

资料来源：http：//www.ourgr.com/club/。

积极牵头汕头大学、汕头职业技术学院到谷饶内衣企业设立学生实习基地以及科研机构。另外，2011年，在汕头市政府和谷饶镇政府的努力下，广东省质量技术监督谷饶针织服装专业镇技术检测服务平台挂牌成立，这对进一步规范谷饶内衣行业的发展具有重大意义（见图8-3）。

**图 8 - 3 谷饶针织服装专业镇技术检测服务平台**

资料来源：http：//www. gurao. gov. cn/。

行业协会是一些为达到共同目标而自愿组织起来的同行或商人的团体，是以增进共同利益为目的而组织起来的事业者的联合体，反映了各行业的企业自我服务、自我协调、自我监督、自我保护的意识和要求。行业协会的作用应该包含以下内容：一是必须以同行业的企业为主体；二是必须建立在自愿原则的基础上；三是必须以谋取和增进全体会员企业的共同利益为宗旨；四是一种具有法人资格的经济社团。作为谷饶当地的内衣协会组织，谷饶商会积极打造"中国内衣名镇"的金字招牌，2004 年组织召开了汕头国际毛衫内衣交易会（见图 8 - 4）。

**图 8 - 4 2004 汕头国际毛衫内衣交易会**

资料来源：http：//www. underwear. com。

然而，在对谷饶28家花边内衣中小企业进行访谈中发现，企业负责人对政府的作用持不同的看法：有近一半（13家）的企业负责人认为政府对他们来说没什么作用；9家企业负责人认为政府对他们经营活动起"帮倒忙"作用；另外的6家企业肯定了政府在他们创新活动中所起的积极作用。对于行业协会的作用，有超过一半（16家）的企业负责人不知道行业协会的存在；4家企业负责人认为行业协会是骗人的；另外的8家企业负责人觉得行业协会对他们的经营发展起重要作用。这些在实证研究结果中是体现不出来的。这说明了当地政府和行业协会还没能充分发挥应有的职能，从某种程度上说是"失职的"。

## 三、科研机构与金融机构的职能

大部分国家的中小企业创新发展依靠自主运作的研发部门不多，主要是保持与大学的科研机构的合作。大学协作企业开发新产品，同时也培养了研究人才。大学等科研机构应在已有成果的基础上，进一步深化改革和重组，充分发挥支持当地企业发展的功能。一方面，根据当地企业情况对应用研究机构进行改革与重组。另一方面，根据科研机构的性质和功能，分类进行制度安排和机制设计。另外，在当地企业建立毕业生实习基地以及技术推广科研基地。

银行等金融业在我国正处于蓬勃发展阶段，但是职能较为单一，特别是对当地中小企业发展所起的作用更是如此。所以，针对中小企业发展的转型期，我国银行等金融机构在现阶段需从以下几点进行改进：一是把握机遇，突出重点，大力支持重点产业的投资建设；二是抓主抓重，大力支持当地基础产业建设；三是因地制宜，保持对当地特色产业和中小企业的信贷支持；四是不断创新，提升金融服务水平。

对谷饶28家花边内衣中小企业进行访谈后得出，中小企业的技术创新主要来自于技术模仿的有11家、与大学等科研机构合作研发的有7家、拥有自主研发机构的有4家、其他的有2家、不清楚或不确定的有4家。可以看出，目前谷饶镇中小企业的技术创新主要来自于模仿、与大学等科研机构的合作，自主研发的企业还是少数。但是，大部分（25家）企业主要负责人都表示，现在技术模仿很难形成创新而形成竞争优势，因为当今信息发达，只要你能模仿的，别人已经走在你的前面。所以他们认为，对于难以实现自主研发的企业来说，与大学等科研机构的合作是未来他们获得技术创新优势的唯一途径。这充分表明了未来潮汕地区中小企业创新活动的一种趋势，大学等科研机构将会起重要作用。从2004年以来，谷饶内衣商会和当地政府积极领导和推进校企合作，包括与本地的汕头大学、汕头职业技术学院，省外的武汉纺织大学、华南理工大学等进行形式多样的校企合作。比如在谷饶内衣企业中建立就业实习基地、创业基地以及研发基地等。图8-5是2004年谷饶针织内衣商会引导下的谷饶十多家企业与武汉纺织大学建立校企合作的挂牌仪式。

**图8-5　向各企业代表颁授"就业实习基地、创业见习基地"牌匾**

资料来源：http：//www.chaonet.net/stcsf/files/list.asp？id=265。

另外，银行等金融在中小企业经营或创新活动中主要起融资作用的有5家企业、起日常交易作用的有21家、其他作用的有2家、不清楚或不确定的0家。可以看出，银行等金融机构对于谷饶镇的中小企业创新活动起重要作用，作用方式却不尽相同。由于潮汕的中小企业基本上都是家族式企业，都有一定基础资本，一般来说资金都比较充足，因此在企业建立和发展过程中一般也不需要向银行等金融机构贷款，除非企业在不断发展壮大，才需要向金融机构融资，所以认为银行等金融机构主要起融资作用的只有少数的5家企业。银行在大部分企业（21家）创新活动中主要起资金的存放、提取等日常交易功能。其中，中国工商银行是谷饶镇政府和内衣商会指定的本地企业协作银行，中国工商银行汕头谷饶支行近几年在为当地中小企业融资和贷款方面做出了许多努力。

## 四、小结

本书把外部网络关系对象分为八种，并且根据集群中中小企业与其往来对象的性质和关系密切程度，把外部网络对象分为伙伴关系网络和资助关系网络。本节主要是对不同网络对象的作用进行实地访谈，并与上面的实证研究结果进行对照。访谈得出了以下结论：①外部伙伴关系网络对企业创新绩效的作用与实证研究结论完全一致。②在外部资助关系网络对企业创新绩效的作用中，不同的网络对象对企业创新的作用方式和作用效率不尽相同——政府和行业协会的作用效率没能得到肯定；银行等金融机构和大学等科研机构对企业创新绩效的作用效率得到了肯定，作用方式比较单一。这些很难在实证研究结论中反映出来，需要对资助网络对象进一步细分并进行后续研究。

# 第二节　其他因素影响企业集群的维系

企业在地域上的集中而导致社会分工深化、企业联系加强和区域资源利用提高所产生的成本节约。集聚经济效应以便利性而体现在四个方面，即接近的便利性、企业新生的便利性、创新的便利性和社会资本形成与积累的便利性。中小企业联合行动能提高合作厂商的技术能力、生产能力、创新能力与市场能力，能够有效地促进企业集群的成长与竞争力的提高。然而，许多因素正影响和制约着潮汕地区这种特殊经营模式的维系。

## 一、国内市场的冲击

首先，"区域板块"加速竞争，对谷饶花边内衣产业产生巨大冲击。大谷饶花边内衣生产基地是中国最大的内衣生产基地之一，但在广东三大基地中（深圳公明内衣生产基地、南海盐步内衣生产基地、大谷饶内衣生产基地）却被深圳、南海品牌抢尽了风头。例如，在业界有这样一句流行语"全国内衣看广东，广东内衣看深圳"，据了解，目前深圳上规模的内衣企业已达150多家，知名品牌企业有30多家，仅万人以上的国际知名品牌就有5家，这些企业大部分集中在宝安公明，成为中国内衣主要的生产基地。这与深圳通过每年举办国际品牌内衣展览会来打造国际品牌内衣的战略是分不开的。南海盐步内衣品牌的打造主要通过打造品牌企业的方式，把有实力的企业做大做强。而南海的内衣企业做大做强的方式是通过"严格加盟扩展"来实现的。图8-6正是南海盐步著名的内衣企业"芬奈内衣公司"加盟程序示意图。所以，以打造品牌企业的方式来打造品牌内衣，南海的"盐步造"已经成为品牌内衣行业的一块金字招牌。由此可见，汕头大谷饶内衣生产基地缺乏的是品牌意识和经营理念创新意识。只有让品牌觉醒，才能有力推动基地和企业品牌的影响力；只有转变经验理念，才能不断获取竞争优势。

其次，福建省晋江市被授予"中国纺织产业基地"称号。同时，该市英林镇荣获"中国休闲服装名镇"，深沪镇荣膺"中国内衣名镇"称号。近几年，与谷饶同时拥有"中国内衣名镇"招牌的深沪镇，依靠晋江服装业的快速发展，渐渐出现产业集群的横向扩展，从内衣、休闲服装、鞋到整套品牌系列服饰的发展。打造"晋江货，销天下"的名誉，晋江纺织企业在江苏、上海、浙江、四川、广东等地区设有几千个销售网点，产品大量销往北京、江苏、浙江、四川、广西等省份，占据华东、西南等地区较大市场份额。全市现有近3万人长年在外从事服装产品推销，近50家企业在全国70多个大中城市建立了2万多个专卖店和销售点，产品销售网络遍及除青海、西藏以外的各大城市市场。国外方面则通过商贸代理、参加展会等渠道，先后与50多个国家建立了购销关系，销售市场已由东南亚、东欧逐步向西欧、美洲、

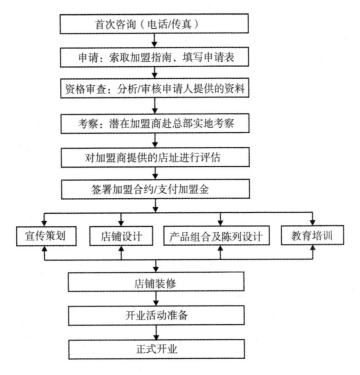

**图 8-6 南海"芬奈内衣公司"加盟程序示意图**

资料来源: http://finnai.tmall.com/shop。

中东、南非延伸。与大深沪的内衣基地相比，汕头大谷饶内衣生产基地缺乏名牌和品牌的打造，产业集群的横向扩展远远滞后，只停留在传统的生产与销售模式而缺乏创新营销。从图 8-7 可见，晋江市历年拥有"中国名牌产品"的数量从 2004 年的 9 个增加到 2007 年的 24 个，"中国驰名商标"的数量从 2004 年的 7 个增加到 2008 年的 17 个。这些荣誉的增加大部分来自针织服装品牌，所以，在打造名牌服装城的道路上晋江已取得骄人的成绩。

最后，跨行业强劲品牌进军内衣行业，对大谷饶花边内衣产业产生正面的竞争。据了解，基于中国内衣市场的魅力，一些跨行业强劲品牌已纷至沓来进军内衣业。"袜业大王"浪莎在 2000 年踏足内衣业，化妆品的"隆力奇"、鞋业新锐"康奈"、羊绒衫巨头"鄂尔多斯"等也在近年高调进入内衣业，它们携品牌优势、资金优势、营销管理优势大举进入，使得内衣行业的竞争日趋激烈。总之，不管是横向还是纵向的国内市场的冲击对大谷饶花边内衣行业中小企业的发展都产生了重大的影响。

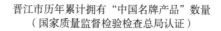

晋江市历年累计拥有"中国名牌产品"数量
（国家质量监督检验检查总局认证）

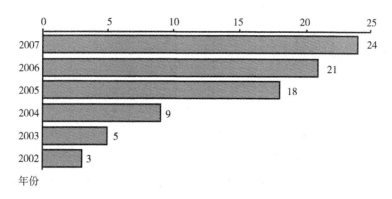

晋江市历年累计拥有"中国驰名商标"数量

（国家工商总局认定）

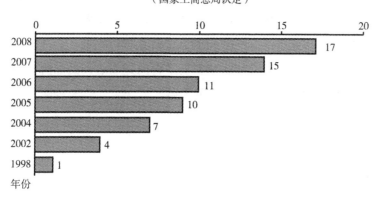

**图 8-7　晋江市历年拥有国家级品牌荣誉称号数量图**

资料来源：http://www.cqn.com.cn/news/zgzlb/zbnr/92990.html。

## 二、国际市场的冲击

近年来，受美国经济衰退的影响，包括中国在内的世界经济都受到很大的冲击，特别对潮汕谷饶内衣产业的影响巨大，因为谷饶内衣企业大部分是替外国厂商作贴牌（Original Equipment Manufacturer，OEM）生产。虽然欧美取消配额限制，但在新的国际商业环境中，谷饶内衣企业建立自有品牌的同时还要加大技术研发和科技创新力度，提高产品的技术含量，这是应对类似美国纺织品设限政策的最佳途径。另外，作为纺织发达国家的土耳其，虽然其针织工业呈现不断萎缩并向发展中国家转移的趋势，但由于拥有良好的基础和先进的工艺，其产品的技术水平和设计水平仍遥遥领先。又如，意大利的内衣企业凭借高超的设计水平和强大的品牌影响力，他们的产品卖价往往是我们产品的数十倍甚至上百倍。

如图8-8所示，未来若干年内，亚洲其他国家的女士内衣市场占有率也在大幅度提升。一些后起之秀的国家如印度、孟加拉国、巴基斯坦和越南等国家正在奋起直追，这些国家都在加大设备、技术等各方面的投入，大刀阔斧地进行针织产业的扩张。假以时日，这些对手必将对潮汕的内衣工业的未来发展产生巨大的影响。为此，处于长期加工贴牌的谷饶内衣企业应另谋发展思路。还有，人民币的大幅度升值对谷饶内衣产业的影响长期存在。对于长期以来对出口依存度较高的谷饶内衣企业，价格是主要竞争手段，人民币的升值将会导致产品进口价格下降和出口价格上涨，因此，会面临收入下降的冲击。这需要谷饶镇不断进行区域创新平台的建设、产品品牌建设和合作系统的维护，不断提高自身特有的竞争优势。

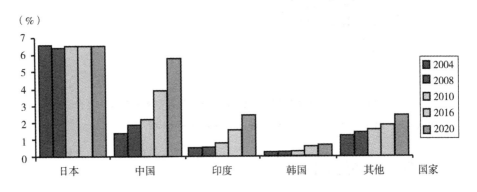

图8-8 2004-2020年亚洲女式内衣市场

资料来源：http：//www. underwear. com。

### 三、企业家才能与"彭罗斯效应"

"彭罗斯效应"是英国学者 Penrose（1959）①在《公司成长理论》（The Theory of the Growth of the Firm）一书中提到的，是现代企业成长理论的开山之作。"彭罗斯效应"的主要观点是：企业是建立在一个管理型框架内的各类资源的集合体，它的成长主要取决于能否更为有效地利用现有资源。也就是说，企业拥有的资源状况是决定企业能力的基础，一个企业的活动依赖于管理人员指挥和组织各种生产资源以获取生产的机会。因此，限制或者促进企业自身成长的内在因素是管理能力。由于管理能力的培养需要时间，使得企业的扩张活动受到限制（Penrose，1959）。②在企业不断发展壮大的过程中，企业现有管理人员自身能力所能获取的扩张是有限度的，同样，管理人员数量上的扩张，从而获取管理能力的扩张也是有限度的，这两种力量共同对企业扩张产生制约。这就是著名的彭罗斯企业成长的管理约束理论，即被后人称为"彭罗斯效应"。

谷饶花边内衣企业的特点是：中小企业、家族式管理、前店后厂经营方式、与外界的联系含有很重的人情关系网成分等。这些特征决定了小企业在这里比较容易生根发芽和成长——企业规模较小，成立时不需要很多资本投入；有人情关系网的存在，企业一成立便很自然地得到这个网中各方的经验和技术等的支持；家族式管理的实施，什么事都可以亲力亲为。尽管这种方式可以使企业家更好地掌握企业情况，然而随着企业不断发展壮大，以家族式发展模式经营的企业很容易造成副手们能力不足以及缺乏职业管理人才，使企业受到"彭罗斯效应"的制约，面临进一步发展的困境，处于稳定和发展的两难局面之中。因此，如何缓解企业资源与管理的约束则成了谷饶中小企业发展壮大所面临的一个难题。

因此，准确把握好家族企业的利与弊，对谷饶花边内衣企业的领航人来

---

①② Penrose，E.. The Theory of the Growth of the Firm. ［M］. Third ed. M, Oxford, UK：Oxford University Press，1959.

说十分重要。家族企业有一定的优势：一是凝聚力高；二是反应迅速；三是心理契约成本低。而其弊端则表现在：一是观念。由于家族企业满于现状，对品牌意识薄弱，制约了企业的发展。二是难以得到最优秀的人才。单纯在家族成员中选择人才的结果，就是选择面会变得越来越窄，可用的人会越来越少；而长期的家长制管理，会使领导者变得自负，总觉得自己是最能干的，这恰恰排斥了社会上更优秀的人才包括行业专家在内的加盟；另外，基于家族关系建立起来的内部信任，会自然对没有类似关系的员工产生不信任感。三是资金。企业要发展，资金是一个重要的"关口"。但在家族企业中由于排外因素，对外融资得不到认可，就成为了谷饶内衣企业的一个弊端。

通过对谷饶花边内衣行业企业家们的访谈，我们发现："彭罗斯效应"是企业家们经常遇到的难题，但是他们一致认为不断提高自身的管理能力和经营观念是解决这个难题的关键。首先，如果企业想进一步做大做强，必须迁移至广州、深圳和上海等大城市，可以获取新的融资渠道、管理人才和技术支持等。其次，企业不一定要做大，但是可以通过转变经营方式做强。例如，从以生产为主的中型企业逐步过渡到以技术创新为核心的小型企业。但这些管理能力的提高和经营观念的转变需要企业家不断提高自身的管理能力和知识文化水平。

## 第三节　谷饶镇怎样实现不断发展与创新

面对国内市场的冲击、国际市场的冲击、企业家才能和"彭罗斯效应"的约束，谷饶镇如何继续引领国内内衣行业的发展呢？

### 一、大谷饶花边内衣企业网络的构建

前面分析了潮汕中小企业形成的第一个原因是必须有国道贯穿，汕头潮阳、潮南6个针织内衣名镇中只有谷饶是没有国道贯穿的地方，其他5个都位于国道324线两旁。谷饶镇商业文化浓厚，是汕头最有竞争力的名镇，也

是中国第一内衣名镇，但是交通方面的原因使它在 21 世纪初一度陷入发展的低谷。后来当地政府也做了很大努力，抢修了省道洪和公路以连接 324 国道，由于远离其他 5 个名镇，经营和创新活动不能很顺利地进行，甚至出现了网络内部几个镇的恶性竞争，影响了共同经营效益的提高和整个行业对外的竞争优势。

　　如图 8-9 所示，大谷饶花边内衣行业企业网络是以谷饶这张国际内衣名片为中心，生产、交换、销售、管理、技术开发等向其他内衣专业镇——峡山镇、陈店镇、两英镇、铜盂镇和司马浦镇转移，并在产业链不断转移的过程中实现共同的大发展，实现网络内各镇技术创新和经济发展的共赢。2004年 1 月，随着谷饶镇被中国纺织行业协会、中国针织工业协会命名为"中国针织内衣名镇"，大谷饶花边内衣企业网络也逐渐形成和发展起来。现在，大谷饶网络内分工越来越清晰：谷饶镇主要是花边和内衣生产的技术创新的基地；峡山镇和陈店镇主要是花边和内衣销售和贸易；两英镇和司马浦镇主要是针织和机械的企业所在地。许多企业起步时可能只在谷饶从事花边生产或染色，随着规模的扩大，在峡山开了花边行，去司马浦新购设备。

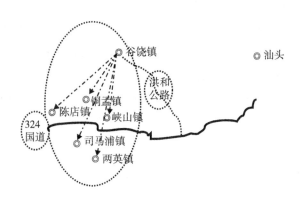

**图 8-9　大谷饶花边内衣企业网络**

　　谷饶花边内衣行业的中小企业不断发展壮大，逐步开始向周边乡镇进行辐射，大谷饶在一年的时间内成果显著，网络在 2004 年底到 2005 年初又增加了三张国家级名片：中国针织名镇——两英镇、中国家具服装名镇——峡山镇和中国内衣名镇——陈店镇。从谷饶单一的一个内衣名镇到如今的包括六个内衣名镇的大谷饶企业网络镇，谷饶的花边内衣行业又焕发了新的生命力。区域合作的开展和技术创新的共享，这里成了一个集内衣设计、生产、销售和技术不断创新的网络，这里的竞争优势将逐步得到体现。

## 二、重视品牌战略

综观以前整个大谷饶内衣产业，大部分企业规模不大，再加上受企业家自身素质的影响，因此，企业做品牌的意识普遍不强，一些企业尽管在市场上已形成了一定的知名度和美誉度，但在品牌宣传和品牌提升方面则相对较弱，甚至有些现在做得不错的内衣企业老板对品牌的理解十分肤浅和片面，以为做一个广告，请一个形象代言人，把品牌弄得全国知名就是塑造品牌了；还有的认为树立企业文化，提高售后服务就是品牌；而实际上，品牌不是一次营销行为就能做起来的，它是一个长期的、系统的工程。同时，许多企业营销手段单一，致使拥有较高知名度的企业很少，特别是在国际市场上，还没形成颇具竞争力的知名品牌。

没有品牌，集群经济就没有依托，含金量就低。如今，中国内衣行业的消费习性已经进入品牌消费时代，品牌内衣的多元化产品与梯度化价格，在形成规模优势以后，就会完成重新洗牌的过程，品牌营销正当时。为此，如今的谷饶内衣企业特别注重创建自主品牌，加大新产品的研究和开发以增加产品附加值，产品分类针对市场细化、差异化来满足不同年龄层和消费层，产品销售市场铺设面广，针对女性消费者多样化和多层次化的特点，从产品多变性和短期性来改变产品的销售方式。重视专业分工，谷饶相对偏僻，把品牌推广、设计及营销中心设在广州、深圳以及上海等一线城市，加速信息反馈和应对市场的激烈竞争。

大谷饶人已经意识到品牌是企业素质和形象的体现，也是进入市场的通行证。当地政府先扶持一批实力较强的企业，发挥其龙头作用，带动中小企业的发展。目前，全镇拥有针织服装商标产权1500多件，占整个潮阳区的1/3。其中"黛霞芳"、"今尚儿"商标被评为广东省著名商标，"奥丝蓝黛"、"今尚儿"还被评为广东省名牌产品。目前，大谷饶网络中的针织内衣产品不仅进入中国各地市场，还远销北美、欧洲、中东、东南亚等30多个国家和地区，已有5家企业在美国、巴拿马、俄罗斯等国家设立办事处。

重视品牌战略使大谷饶花边内衣行业中的企业不断进行技术创新、经营创新和管理创新等，而这些创新的进行和实现进一步提升了企业的竞争优势和战略意识。

## 三、生态化趋势与创新

按照生态学的看法，生态是指存在于生物与环境之间的各种因素相互联系和相互作用的关系。生态系统也就是指生物与环境相互作用所构成的在一定时间和空间内，由生物群落与其环境组成的一个整体，它们之间相互联系、相互制约，并形成具有自我调节功能的复合体。专业镇（中小企业地理集聚）技术创新生态化就是借鉴生态学（含生态学系统理论）的有关理论来建设专业镇，促进专业镇的经济、社会和文化的协调发展，同时专业镇成为良好的生态系统，主要包括以下特征：①专业镇应具有生态系统的调节功能；②专业镇应具有自我组织性；③专业镇对环境具有适应性；④专业镇对环境的污染小或者排除的废物少。

自从2004年形成的以谷饶这张国际内衣名片为中心，其他内衣专业镇——峡山镇、陈店镇、两英镇、铜盂镇和司马浦镇协调发展的大谷饶花边内衣行业企业网络的形成，并在产业链不断转移的过程中实现共同的大发展，实现网络内各镇技术创新和经济发展的共赢。网络内部企业间在协调能力和组织能力不断提升的前提下，实现了企业间信息与资源的共享，造就了行业的技术创新。

另外，染色是花边内衣生产的一道重要工序，而染色行业是一个对环境污染比较严重的行业。在不断的发展与探索中，大谷饶走出了一条绿色染色的生态之路：①当地政府制定了严格的排放标准和收取排放费，迫使网络内企业不断进行技术创新；②鼓励企业把染厂向周边偏僻地区转移，但这需要很高的运输成本。所以，在高的运输成本和高的创新成本之间企业做出了种种有利于创新活动的行为，不断提升自身的竞争优势。

# 本章小结

本章通过对谷饶 28 家花边内衣中小企业进行访谈，结合行业的实际情况和前面实证研究结果，对中国内衣名镇——潮汕谷饶镇进行了个案研究分析。首先，介绍了谷饶镇中小企业发展的背景情况；接着分析了地理集聚企业不同网络对象的不同作用效率和方式，并与实证研究结果进行比较；其次，通过国内外市场和"彭罗斯效应"的冲击来研究企业地理积聚外部网络的维系；最后，重点研究了谷饶镇怎样通过大谷饶花边内衣企业网络的建设、重视品牌战略和构建生态化发展来实现不断的技术创新和获取竞争优势。

# 第九章 结论与展望

通过前几章的理论与实证分析，本书归纳了潮汕中小企业地理集聚对于潮汕区域创新能力和潮汕经济发展的作用，建立了集群中中小企业外部网络（伙伴关系网络与资助关系网络）如何通过吸收能力影响企业创新绩效的机理，总结了谷饶镇怎样实现创新和经济大发展。本章将结合上面的实证研究结论以及对汕头谷饶镇花边内衣行业的实地深度访谈，阐明本研究的主要结论、理论意义与实践意义，并在此基础上对本研究的不足进行说明，提出后续研究，展望未来可能的研究方向和思路。

## 第一节 研究的主要结论

潮汕中小企业地理集聚对区域创新能力提高和经济实力增强起什么作用？中小企业怎样通过与外部网络中成员间的合作获取有价值的信息以取得创新绩效？地理积聚的中小企业怎样保持和维系不断的创新和发展？本研究结果认为：潮汕中小企业地理集聚是区域创新能力提高和经济实力增强的原动力；中小企业与外部网络成员联系的强度、规模、互惠度和企业本身的吸收能力对于企业获取创新绩效起重要作用；在对中小企业创新绩效的贡献中，不同性质的企业是不同的，不同的网络成员的作用也是不尽相同的；谷饶花边内衣行业不断实现区域创新和经济的发展。

## 一、多因素促使潮汕企业集群的维系

潮汕中小企业地理集聚的形成主要在于交通便利、悠久民营企业文化的熏陶、独具特色的"亲戚关系网络"的孵化和"义气"观念的促使和维系。比较了广东四个区域经济发展的不同模式，本书认识到潮汕中小企业地理集聚的发展模式对潮汕经济发展的重要性，这种重要性体现在创新能力上。

## 二、企业外部网络特征为企业获取价值信息提供了场所和可能

本书的实证研究结果也表明了越强的外部网络强度、规模和互惠度，企业的创新绩效就越好。所以，企业要多与网络中的成员保持联系的强度、数量和形成高的相互依赖程度，因为这有利于企业获取更多有价值的信息和资源（多信息总比少信息好，因为有筛选的可能）。在对28多家企业的深度访谈中得知，如润强、佳发、大鸿等拥有十几年历史且绩效一直很好的企业，它们的成功都与拥有稳定的客户、互赖的伙伴和政府的支持是分不开的。特别是行业巨头——四海集团更是重视与周边中小企业的合作和与政府、行业协会和大学等科研机构的合作关系。

## 三、吸收能力在企业外部网络和创新绩效之间起调节和中介作用

外部网络中存在着企业可以获取的潜在的有价值的知识和信息，这必须通过企业本身好的吸收能力（识别、吸收和知识管理能力等）才能最终转化为创新成果。所以，企业要提高自身对新知识的吸收和转化能力，这一点在访谈的所有企业中都得到了验证。那么，怎样提高企业对外部新知识的吸收能力？有的企业认为主要通过引进技术人才来获取创新知识，有的企业认为主要通过"市场间谍"来获取新信息，有的企业认为主要通过与其他企业的合作和顾客对新产品的反馈中获取新知识，等等。

## 四、中小企业伙伴关系网络与资助关系网络对企业创新绩效的获取起重要的作用

虽然大部分企业与伙伴关系网络来往密切、强度规模都比较大；而资助关系网络相对比较小，但是它们都起重要的作用。所以集群内中小企业必须重视与这两种网络对象建立良好的联系，以获得好的创新绩效。我们对谷饶镇 28 多家中小企业进行深度访谈，全部的企业负责人都认为它们跟四种伙伴关系网络对象的联系频率和程度与它们有企业创新能力和企业绩效有直接的关系，也就是说与这四种伙伴联系的频率和数量越多，说明该企业的交易量和交易额越大，该企业的产品和技术得到消费者的认可，该企业当然能获取更大的发展空间和更好的企业绩效以及创新优势；与这四种伙伴联系的频率和数量越少，说明该企业的交易量和交易额越小，该企业的产品和技术尚未得到消费者的认可或者已经被市场边缘化，亟待进行结构调整和创新，否则将会被市场所淘汰。这与本书的实证结果完全一致，伙伴关系网络的网络强度（联系频率）、网络规模（联系数量）和网络互惠度与企业的创新绩效是正相关的关系。

在外部资助关系网络对企业创新绩效的作用中，不同的网络对象对企业创新的作用方式和作用效率不尽相同——政府和行业协会的作用效率没能得到肯定；银行等金融机构和大学等科研机构对企业创新绩效的作用效率得到了肯定，作用方式比较单一。

## 五、其他因素对企业绩效的影响效果各不相同

当考虑到中小企业自身吸收能力的作用时，对潮汕地理积聚内中小企业而言，企业成立的年限对企业创新绩效没有显著的影响，说明在竞争异常激烈的受高新技术冲击的传统行业中，无论成立时间多久，企业都十分重视对创新活动的投入；企业所处行业对创新绩效也没有显著影响，也同样说明了这些相近行业都十分重视对创新关系的构建和投入；而企业规模对企业创新

绩效有显著的影响,因为规模大的企业一般资金比较雄厚、部门分工比较细、外部网络的构建也比较主动,使其有利于对创新成果的获取。譬如,在访谈的企业中,像四海集团这种大规模企业,它有专门的研发机构和人员、资金周转顺利、外国客户很多,这些都使它在同行业中保持着竞争的优势;而其他一些企业成立年限比四海多十几年,但是创新绩效也没有四海好,这也符合上面的结论。

## 六、谷饶镇通过大谷饶企业网构建、品牌建设和生态化发展实现区域创新和发展

首先,大谷饶花边内衣行业企业网络以谷饶这张国际内衣名片为中心,其生产、交换、销售、管理、技术开发等向其他内衣专业镇——峡山镇、陈店镇、两英镇、铜孟镇和司马浦镇转移,并在产业链不断转移的过程中实现共同的大发展,实现网络内各镇技术创新和经济发展的共赢。其次,大谷饶人已经意识到品牌是企业素质和形象的体现,也是进入市场的通行证。当地政府先扶持一批实力较强的企业,发挥其龙头作用,带动中小企业的发展。目前,全镇拥有针织服装商标产权1500多件,占整个潮阳区的1/3。最后,染色是花边内衣生产的一道重要工序,而染色行业是一个对环境污染比较严重的行业。在不断的发展与探索中,大谷饶走出了一条绿色染色的生态之路:①当地政府制定了严格的排放标准和收取排放费,迫使网络内企业不断进行技术创新;②鼓励企业把染厂向周边偏僻地区转移,但这需要很高的运输成本。

# 第二节 研究的理论贡献与实践意义

## 一、理论贡献

在理论研究方面,前人对企业网络和产业集群的研究主要从宏观和中观

的角度展开，多是规范分析和个案研究，对企业创新网络的实证研究比较少见。虽然有越来越多的趋势，但是对外部网络、内部吸收能力和创新绩效的衡量还没有比较全面统一的成果。特别是吸收能力在外部网络与创新绩效之间起什么作用极少得到具体全面的研究和讨论。本书就试图从这方面入手，研究证明了吸收能力所起的调节和中介双重作用。

对于企业外部网络成员，以前的研究极少有对它们进行分类，研究它们在创新绩效中是否起不同作用。据此，本研究在论述了吸收能力作用后，根据研究对象的特点，探索性地把外部网络对象分为伙伴关系网络与资助关系网络，并分析和证实了它们对企业创新绩效的提高都起重要作用。

## 二、实践意义

企业外部网络特征对创新绩效有影响，对吸收能力也有影响，所以，怎样建立好企业的外部网络关系和怎样维持这些关系对于企业自身势力的提升和创新成果的获取都有十分重要的意义。随着全球经济一体化进程的加速，外贸市场、外汇市场和国际资本市场的不稳定性加深，企业为了更好地开展创新活动，提升自身的竞争力，已逐渐开始重视寻求各种有利的外部因素。实践证明，企业通过内外部联系有效地整合资源，以获取新知识和新信息是提高创新绩效的关键。这一点前文的结论中已得到了证实和说明。

潮汕多数企业是中小企业，这些企业大多数都处于行业集群中，所以企业地理集聚是潮汕中小企业发展的新思路。然而，这些行业基本都是受高新技术冲击的传统行业，如花边内衣行业、包装印刷行业、不锈钢行业、玩具行业等。这些行业中的企业既受传统经营理念的影响，也受高速发展的技术和信息的冲击，使得产品的创新与企业特点和行业特点发生了冲突。所以，谁能在传统与创新中找到平衡谁就能生存和发展。可以说，企业网络的形成是抗击经营风险和不断创新发展的最好选择。根据上面的研究结论，企业的外部网络平台的构建和维护对企业不断创新发展起多大的作用。在潮汕发展的中小企业，维护和构建好外部网络是企业成功的基础。

同时，根据上面的研究结论，即企业的不同网络对象对企业创新绩效有着不尽相同的作用和影响，这对于企业怎样通过外部网络资源来获取创新绩效有重要意义。企业必须尽量与外部伙伴关系网络保持高频率和大规模的互惠联系，这也是自身经营效益和创新能力好坏的一个重要标志。对于外部资助关系网络，应该根据自身人、财和物等情况建立联系。

另外，还必须不断提高企业内外的信任度，以创造更多获取和利用知识和信息的机会。此外，更为重要的是企业应该采用多种途径和方法来提升自身的吸收能力。企业应不断积累相关技术知识，重视研发投资、教育培训、制造活动以及内部沟通机制，要在企业内部建立起共享的组织文化，并提升组织内部交流水平。

# 第三节　研究的局限和展望

从宏观方面看，本研究是基于潮汕三个网络集群行业的背景下进行的，对于其他地区或其他行业结果可能也有所不同。从微观方面看，与企业来往的网络对象性质和作用都很不相同，它们分别在企业的创新活动中起什么作用都不得而知，这些问题都值得我们进一步深入探索。

（1）本研究结果表明吸收能力起部分中介作用，那应该还有其他能力对中小企业创新活动有作用。例如，企业的社会活动能力、企业家能力等，这些能力由于本研究各方面局限未能进行有效衡量。

（2）研究结论的普遍性有待进一步检验。本研究的样本是潮汕集群行业中的中小企业，研究结论对本研究对象当然适应，而代表性相对较弱，作为一项研究其结论在其他情景下的使用程度如何，也就是其扩展性怎样才是研究结果应用价值的关键所在。因此，本研究结论在其他地区其他行业是否适用还是未知的，这有待于进一步的验证。

（3）变量的选择与测量方法的局限。本研究使用的外部网络、吸收能力和创新绩效的测量量表是基于对前人相关研究成果的综合总结得来的。在变量的测度上，本研究主要采用主观评价量表来完成，尽管效度和信度检验的结果尚令人满意，但部分变量与传统方法并不一致，还有待进一步验证和完善。

（4）一些控制变量不能很好地量化。如企业文化方面的情况、企业家方面的情况、地区方面的情况、贸易方面的情况等都可能对中小企业创新绩效有影响，但由于本研究所限，这些有待以后进一步探讨。

（5）实证研究结果与深度访谈结果的不一致问题。本研究对不同网络对象的作用进行实地访谈，并实证研究结果进行对照。访谈得出了以下结论：①外部伙伴关系网络对企业创新绩效的作用与实证研究结论完全一致。②在外部资助关系网络对企业创新绩效的作用中，不同的网络对象对企业创新的作用方式和作用效率不尽相同——政府和行业协会的作用效率没能得到肯定；银行等金融机构和大学等科研机构对企业创新绩效的作用效率得到了肯定，作用方式比较单一。这些很难在实证研究结论中反映出来，需要对资助网络对象进一步细分并进行后续研究。

总之，在此基础上，对于外部网络的衡量条目、外部网络对象的进一步考察、企业自身情况、企业其他绩效的衡量等都有待进一步的研究。包括个案分析、实证研究以及两者的结合等新的分析角度都需要进一步去尝试。

# 附录一 调查问卷表

尊敬的先生/女士，您好！

本问卷是广东省汕头大学商学院进行的一项研究，旨在调查地理集群中企业间的关系对企业创新绩效的影响。本问卷无标准答案，也无所谓对与错，若有某个问题未能完全表达您的意见时，请选择最接近您看法的答案。填写问卷可能要占用您 20 分钟左右的时间。非常感谢！

本书希望研究成果有助于本地区企业做出正确的决策和给过内外投资者和客户一些好的建议和意见。问卷所得的全部资料仅供学术研究之用，您填写的所有资料都将会受到严格的保密，敬请安心作答。在此，感谢您在百忙中拨冗填写，衷心感谢您的支持！

顺祝安康！如有任何疑问，请联系：郑慕强 E – mail：mqzheng@ stu. edu. cn。

1. 基本情况

（1）您的联系方式（或 E – mail）：_____

（2）企业名称：_____

（3）企业设立年份：_____年

（4）您现任的职位是：_____

（5）您在该企业工作年限：_____年

（6）企业位于：_____区（县）_____镇（街道）

（7）企业员工人数为（　　）

（A）50 以下　（B）50—99　（C）100—499　（D）500—999

（E）1000 以上

（8）企业主导业务所属行业领域：_____

注意：下面是问卷的主体部分，请在右边的七个选项中选出最适合贵公司的情况并打圈。例如，选（6：同意）

| 1 | 2 | 3 | 4 | 5 | ⑥ | 7 |
|---|---|---|---|---|---|---|

## 2. 企业外部网络情况

（1）与同行业其他企业相比，过去三年间下列联系的频繁程度（1—7 分别表示如下）

（1：绝不同意；2：不能同意；3：不太同意；4：很难说；5：略有同感；6：同意；7：深有同感）

| 与上游厂商（供应商）的联系很频繁 | 1 2 3 4 5 6 7 |
|---|---|
| 与下游厂商（客户）的联系很频繁 | 1 2 3 4 5 6 7 |
| 与同行（竞争）企业的联系很频繁 | 1 2 3 4 5 6 7 |
| 与其他企业（贸易、运输、代理等）的联系很频繁 | 1 2 3 4 5 6 7 |
| 与政府部门的联系很频繁 | 1 2 3 4 5 6 7 |
| 与行业协会或者相关管理机构的联系很频繁 | 1 2 3 4 5 6 7 |
| 与大学等科研机构的联系很频繁 | 1 2 3 4 5 6 7 |
| 与银行等金融机构的联系很频繁 | 1 2 3 4 5 6 7 |

（2）与同行业其他企业相比，过去三年间本书联系下列对象的数量（1—7 分别表示如下）

（1：绝不同意；2：不能同意；3：不太同意；4：很难说；5：略有同感；6：同意；7：深有同感）

| 与上游厂商（供应商）的联系很多 | 1 2 3 4 5 6 7 |
|---|---|
| 与下游厂商（客户）的联系很多 | 1 2 3 4 5 6 7 |
| 与同行（竞争）企业的联系很多 | 1 2 3 4 5 6 7 |

续表

| | |
|---|---|
| 与其他企业（贸易、运输、代理等）的联系很多 | 1 2 3 4 5 6 7 |
| 与政府部门的联系很多 | 1 2 3 4 5 6 7 |
| 与行业协会或者相关管理机构的联系很多 | 1 2 3 4 5 6 7 |
| 与大学等科研机构的联系很多 | 1 2 3 4 5 6 7 |
| 与银行等金融机构的联系 | 1 2 3 4 5 6 7 |

（3）过去三年间，在研发、生产、销售和政策等方面（1—7 分别表示如下）

（1：绝不同意；2：不能同意；3：不太同意；4：很难说；5：略有同感；6：同意；7：深有同感）

| | |
|---|---|
| 我们对与我们来往的供应商非常重要 | 1 2 3 4 5 6 7 |
| 与我们来往的供应商对我们非常重要 | 1 2 3 4 5 6 7 |
| 我们对与我们来往的客户非常重要 | 1 2 3 4 5 6 7 |
| 与我们来往的客户对我们非常重要 | 1 2 3 4 5 6 7 |
| 我们对与我们来往的同行企业非常重要 | 1 2 3 4 5 6 7 |
| 与我们来往的同行企业对我们非常重要 | 1 2 3 4 5 6 7 |
| 我们对与我们来往的其他相关企业非常重要 | 1 2 3 4 5 6 7 |
| 与我们来往的其他相关企业对我们非常重要 | 1 2 3 4 5 6 7 |
| 我们对与我们来往的政府部门非常重要 | 1 2 3 4 5 6 7 |
| 与我们来往的政府部门对我们非常重要 | 1 2 3 4 5 6 7 |
| 我们对与我们来往的行业协会非常重要 | 1 2 3 4 5 6 7 |
| 与我们来往的行业协会对我们非常重要 | 1 2 3 4 5 6 7 |
| 我们对与我们来往的大学等科研机构非常重要 | 1 2 3 4 5 6 7 |
| 与我们来往的大学等科研机构对我们非常重要 | 1 2 3 4 5 6 7 |
| 我们对与我们来往的银行等金融机构非常重要 | 1 2 3 4 5 6 7 |
| 与我们来往的银行等金融机构对我们非常重要 | 1 2 3 4 5 6 7 |

3. 吸收能力

与同行业其他企业相比，过去三年间平均的情况和趋势（1—7 分别表示如下）

（1：绝不同意；2：不能同意；3：不太同意；4：很难说；5：略有同感；6：同意；7：深有同感）

| | |
|---|---|
| 我们能很快地理解已获得的新的有用技术信息 | 1　2　3　4　5　6　7 |
| 我们能很快识别这些新的技术信息可能给企业带来变化 | 1　2　3　4　5　6　7 |
| 我们能很快识别外部新知识对现有知识的用处 | 1　2　3　4　5　6　7 |
| 我们能很快根据新知识或信息引入工艺创新 | 1　2　3　4　5　6　7 |
| 我们能很快根据新的有用的知识或信息修订质量控制操作 | 1　2　3　4　5　6　7 |
| 我们能将已消化的新技术与其他技术进行融合 | 1　2　3　4　5　6　7 |
| 我们能很快使用已消化新技术进行新产品的开发 | 1　2　3　4　5　6　7 |

### 4. 企业创新绩效

过去三年间平均的情况和趋势（1—7分别表示如下）

（1：绝不同意；2：不能同意；3：不太同意；4：很难说；5：略有同感；6：同意；7：深有同感）

| | |
|---|---|
| 公司新产品开发数量很突出 | 1　2　3　4　5　6　7 |
| 公司的新产品开发数量比其他同行企业突出 | 1　2　3　4　5　6　7 |
| 公司新产品开发速度很快 | 1　2　3　4　5　6　7 |
| 公司的新产品开发速度比其他同行企业快 | 1　2　3　4　5　6　7 |
| 公司新产品产值占销售总额比重很高 | 1　2　3　4　5　6　7 |
| 公司新产品产值占销售总额比其他同行企业高 | 1　2　3　4　5　6　7 |

本问卷到此结束，再次衷心感谢您的协助！

# 附录二　深度访谈记录表

请您根据企业过去三年的情况回答下面问题：

| 问题 | 列举 | 详细说明 | 备注 |
|------|------|----------|------|
| 一、与供应商联系情况 | | | |
| 二、与客户联系情况 | | | |
| 三、与同行企业联系情况 | | | |
| 四、与其他相关企业联系情况 | | | |
| 五、政府部门起何作用 | | | |
| 六、行业协会起何作用 | | | |
| 七、大学等科研机构起何作用 | | | |
| 八、银行等金融机构起何作用 | | | |
| 九、企业的经营经常受到什么因素影响和冲击 | | | |
| 十、哪些因素对贵公司进行创新起作用 | | | |

# 附录三　结构方程模型编程语言

〈1〉吸收能力为中介变量考虑外部网络对创新绩效的影响
（M1：NT→AC→IP 和 NT→IP）：

I SEM FOR NET – AC – IP（IND）
DA NI = 16 NO = 224 MA = CM
CM FU

```
  1.696   0.553   0.553  - 0.025   0.260   0.445   0.451   0.663
0.774   0.665   0.290   0.458   0.573   0.384   0.439   0.342
  0.553   2.059   0.965   0.418   0.510   0.684   0.549   0.839
0.862   0.682   0.547   0.787   0.833   0.551   0.566   0.607
  0.553   0.965   2.078   0.602   0.380   0.646   0.693   0.956
0.996   0.847   0.742   0.877   0.980   0.659   0.626   0.596
 - 0.025   0.418   0.602  12.906   0.924   0.448   0.699   0.503
0.663   0.604   0.329   1.039   1.182   0.150   0.136   0.201
  0.260   0.510   0.380   0.924   2.176   0.598   0.468   0.759
0.829   0.833   0.686   0.598   0.702   0.482   0.533   0.458
  0.445   0.684   0.646   0.448   0.598   2.154   0.982   0.985
0.939   0.912   0.563   0.882   1.010   0.593   0.609   0.587
  0.451   0.549   0.693   0.699   0.468   0.982   2.556   1.062
1.070   1.046   0.603   0.834   1.023   0.747   0.695   0.595
  0.663   0.839   0.956   0.503   0.759   0.985   1.062   2.348
1.616   1.248   0.926   1.082   1.394   0.845   0.959   0.863
```

0. 774    0. 862    0. 996    0. 663    0. 829    0. 939    1. 070    1. 616

2. 424    1. 437    0. 833    1. 001    1. 501    0. 971    1. 007    0. 834

0. 665    0. 682    0. 847    0. 604    0. 833    0. 912    1. 046    1. 248

1. 437    2. 303    0. 931    0. 853    0. 991    0. 797    0. 803    0. 583

0. 290    0. 547    0. 742    0. 329    0. 686    0. 563    0. 603    0. 926

0. 833    0. 931    1. 923    0. 922    0. 783    0. 562    0. 606    0. 581

0. 458    0. 787    0. 877    1. 039    0. 598    0. 882    0. 834    1. 082

1. 001    0. 853    0. 922    2. 367    1. 270    0. 611    0. 672    0. 607

0. 573    0. 833    0. 980    1. 182    0. 702    1. 010    1. 023    1. 394

1. 501    0. 991    0. 783    1. 270    2. 682    0. 867    0. 874    0. 633

0. 384    0. 551    0. 659    0. 150    0. 482    0. 593    0. 747    0. 845

0. 971    0. 797    0. 562    0. 611    0. 867    0. 996    0. 854    0. 586

0. 439    0. 566    0. 626    0. 136    0. 533    0. 609    0. 695    0. 959

1. 007    0. 803    0. 606    0. 672    0. 874    0. 854    0. 996    0. 626

0. 342    0. 607    0. 596    0. 201    0. 458    0. 587    0. 595    0. 863

0. 834    0. 583    0. 581    0. 607    0. 633    0. 586    0. 626    0. 996


MO NX = 3 NY = 13 NK = 1 NE = 2 TD = SY, FI TE = SY, FI LX = FU, FR
LY = FU, FI GA = FU, FI BE = FU, FI PS = SY, FI

LA

C1 C2 C3 C4 C5 C6 C7 P1 P2 P3 P4 P5 P6 N1 N2 N3

LK

NETWORK

LE

CAPABILITY PERFORMANCE

FR TD 1 1 TD 2 2 TD 3 3

FR TE 1 1 TE 2 2 TE 3 3 TE 4 4 TE 5 5 TE 6 6 TE 7 7 TE 8 8 TE 9 9 TE 10
10 TE 11 11 TE 12 12 TE 13 13

FR LY 1 1 LY 2 1 LY 3 1 LY 4 1 LY 5 1 LY 6 1 LY 7 1 LY 8 2 LY 9 2 LY 10

2 LY 11 2 LY 12 2 LY 13 2

    FR GA 1 1 GA 2 1

    FR BE 2 1

    FR PS 1 1 PS 2 2

    PD

    OU ML TV SS MI AD = OFF

〈2〉吸收能力为中介变量考虑外部网络（伙伴关系网络与资助关系网络）对创新绩效的影响

（M1：PN/SN→AC→IP）：

I SEM FOR IT – OL – FIRPER（IND）

DA NI = 19 NO = 224 MA = CM

    CM FU

    1. 696   0. 553   0. 553   – 0. 025   0. 260   0. 445   0. 451   0. 663

0. 774   0. 290   0. 665   0. 458   0. 573   0. 441   0. 424   0. 376   0. 309

    0. 380   0. 279

    0. 553   2. 059   0. 965   0. 418   0. 510   0. 684   0. 549   0. 839

0. 862   0. 547   0. 682   0. 787   0. 833   0. 492   0. 496   0. 628   0. 494

    0. 495   0. 513

    0. 553   0. 965   2. 078   0. 602   0. 380   0. 693   0. 956   0. 996

0. 742   0. 847   0. 877   0. 980   0. 586   0. 553   0. 564   0. 591   0. 560

    0. 578

    – 0. 025   0. 418   0. 602   12. 906   0. 924   0. 448   0. 699   0. 503

0. 663   0. 329   0. 604   1. 039   1. 182   0. 133   0. 192   0. 184   0. 148

    0. 074   0. 211

    0. 260   0. 510   0. 380   0. 924   2. 176   0. 598   0. 468   0. 759

0. 829   0. 686   0. 833   0. 598   0. 702   0. 431   0. 527   0. 459   0. 430

    0. 439   0. 444

0.445　0.684　0.646　0.448　0.598　2.154　0.982　0.985
0.939　0.563　0.912　0.882　1.010　0.523　0.529　0.647　0.544
0.543　0.472

0.451　0.549　0.693　0.699　0.468　2.556　1.062　1.070
0.603　1.046　0.834　1.023　0.551　0.559　0.615　0.732　0.648
0.530

0.663　0.839　0.956　0.503　0.759　0.985　1.062　2.348
1.616　0.926　1.248　1.082　1.394　0.727　0.839　0.843　0.782
0.853　0.801

0.774　0.862　0.996　0.663　0.939　1.070　1.616　2.424
0.833　1.437　1.001　1.501　0.765　0.807　0.839　0.919　0.916
0.761

0.290　0.547　0.742　0.329　0.686　0.563　0.603　0.926
0.833　1.923　0.931　0.922　0.783　0.524　0.542　0.583　0.499
0.539　0.512

0.665　0.682　0.847　0.604　0.833　0.912　1.046　1.248
1.437　0.931　2.303　0.853　0.991　0.713　0.636　0.671　0.725
0.740　0.432

0.458　0.787　0.877　1.039　0.598　0.882　0.834　1.082
1.001　0.922　0.853　2.367　1.270　0.553　0.661　0.613　0.556
0.569　0.557

0.573　0.833　0.980　1.182　0.702　1.010　1.023　1.394
1.501　0.783　0.991　1.270　2.682　0.752　0.779　0.682　0.795
0.767　0.537

0.441　0.492　0.586　0.133　0.431　0.523　0.551　0.727
0.765　0.524　0.713　0.553　0.752　0.996　0.690　0.521　0.515
0.462　0.322

0.424　0.496　0.553　0.192　0.527　0.529　0.559　0.839
0.807　0.542　0.636　0.661　0.779　0.690　0.996　0.597　0.511

0. 459　　0. 432

　　0. 376　　0. 628　　0. 564　　0. 184　　0. 459　　0. 647　　0. 615　　0. 843

0. 839　　0. 583　　0. 671　　0. 613　　0. 682　　0. 521　　0. 597　　0. 996　　0. 533

　　0. 525　　0. 754

　　0. 309　　0. 494　　0. 591　　0. 148　　0. 430　　0. 544　　0. 732　　0. 782

0. 919　　0. 499　　0. 725　　0. 556　　0. 795　　0. 515　　0. 511　　0. 533　　0. 996

　　0. 822　　0. 519

　　0. 380　　0. 495　　0. 560　　0. 074　　0. 439　　0. 543　　0. 648　　0. 853

0. 916　　0. 539　　0. 740　　0. 569　　0. 767　　0. 462　　0. 459　　0. 525　　0. 822

　　0. 996　　0. 512

　　0. 279　　0. 513　　0. 578　　0. 211　　0. 444　　0. 472　　0. 530　　0. 801

0. 761　　0. 512　　0. 432

　　0. 557　　0. 537　　0. 322　　0. 432　　0. 754　　0. 519　　0. 512　　0. 996


MO NX = 6 NY = 13 NK = 2 NE = 2 TD = SY, FI TE = SY, FI LX = FU, FI
LY = FU, FI GA = FU, FI BE = FU, FIPS = SY, FI

　　LA

　　C1 C2 C3 C4 C5 C6 C7 P1 P2 P3 P4 P5 P6 N1 N2 N3 M1 M2 M3

　　LK

　　N M

　　LE

CAPABILITY PERFORMANCE

　　FR TD 1 1 TD 2 2 TD 3 3 TD 4 4 TD 5 5 TD 6 6

　　FR TE 1 1 TE 2 2 TE 3 3 TE 4 4 TE 5 5 TE 6 6 TE 7 7 TE 8 8 TE 9 9 TE 10
10 TE 11 11 TE 12 12 TE 13 13

　　FR LX 1 1 LX 2 1 LX 3 1 LX 4 2 LX 5 2 LX 6 2

　　FR LY 1 1 LY 2 1 LY 3 1 LY 4 1 LY 5 1 LY 6 1 LY 7 1 LY 8 2 LY 9 2 LY 10
2 LY 11 2 LY 12 2 LY 13 2

　　FR GA 1 1 GA 1 2 GA 2 1 GA 2 2

FR BE 2 1

FR PS 1 1 PS 2 2

PD

OU ML TV SS MI AD = OFF

# 参考文献

## 一、外文文献

［1］Achrol, R. S. & Kotler, P.. Marketing in the Network Economy ［J］. Journal of Marketing, 1999 (63)：145 – 163.

［2］Anderson, R.. How Personality Drives Network Benefits: Need for Cognition, Social Networks, and Information Amount ［J］. Information & Management, 1986 (39)：677 – 688.

［3］Anderson, R.. & Miller, C. J.. "Class Matters" Human and Social Capital in the Entrepreneurial Process ［J］. Journal of Socio – Economics, 1994, 32 (1)：17 – 36.

［4］Arundel, A. & Kabla, I.. What Percentage of Innovations are Patented? Empirical Estimates for European Firms ［J］. Research Policy, 1998 (2)：127 – 141.

［5］Baranson, J.. Transactional Strategic Alliances Why, What, Where and How ［J］. Multinational Business, 1990 (2)：54 – 61.

［6］Baron, R. M. & Kenny, D. A.. The Moderator – mediator Variable Distinction in Social Psychological Research: Conceptual, Strategic, and Statistical Consideration ［J］. Journal of Personnality and Social Psychology, 1986 (6)：1173 – 1182.

［7］Baum, J. A. C., Calabrese, T. & Silverman, B. S.. Don't Go it Alone: Alliance Network Composition and Startups Performance in Canadian Biotechnology

[J]. Strategic Management Journal, 1991 (21): 267 – 294.

[8] Baum, J. A. C. , Calabrese, T. & Silverman, B. S. . Don' t Go it Alone: Alliance Network Composition and Startups' Performance in Canadian Biotechnology [J]. Strategic Management Journal, 2000, 21 (3): 267 – 294.

[9] Bettis, R. A. & Hitt, M. . The New Competitive Landscape [J]. Strategic Management Review, 1995, (16): 7 – 20.

[10] Bian, Y. J. . Bringing Strong Ties Back in Indirect Ties, Network Bridges, and Job Searches in China [J]. American Sociological Review, 1997, 62 (3): 64 – 87.

[11] Bourdieu, P. . Distintion [M]. London Rout – ledge and Kegan Paul, 1984: 231 – 456.

[12] Brouwer, E. & Kleinknecht, A. . Firm Size, Small Business Presence and Sales in Innovative Products: A Micro – econometric Analysis [J]. Small Business Economics, 1996, 8 (3): 189 – 201.

[13] Browne, M. W. & Cudeck, R. . Alternative Ways of Assessing Model Fit [J]. Sociological Methods & Research, 1992 (2): 230 – 258.

[14] Burger, J. M. , Horita, M. , Kinoshita, L. , Roberts, K. & Vera, C. . Effect of Time on the Norm of Reciprocity [J]. Basic and Applied Social Psychology, 1997 (19): 91 – 100.

[15] Burt, R. S. . Structural Holes: The Social Structure of Competition [M]. Cambridge, MA: Harvard University Press, 1992.

[16] Burt, R. S. . Toward a Structural Theory of Action: Network Models of Social Structure, Perception and Action [M]. New York: Academic Press, 1982: 126 – 135.

[17] Burt, R. S. & Knezv, M. . Trust and Third – party Gossip. In: R. Kramer & T. Tyler (Eds. ), Trust in Organizations: Frontiers of Theory and Research. Thousand Oaks: Sage Publications, 1995: 68 – 89.

[18] Byrne, B. M. . A Primer of LISREL: Basic Applications and Programming for Comfirmatory Factor Analytic Models [M]. New York: Springer – verlag,

1989.

[19] Clark, J. & Guy, K. . Innovation and Competitiveness, Technology Analysis [J]. Strategic Management, 1998, 10 (3): 363 – 395.

[20] Cohen, J. & Levinthal, D. A. . Absorptive Capacity: A New Perspective on Learning and Innovation [J]. Administrative Science Quarterly. 1990, 35 (1): 128 – 152.

[21] Coleman, J. S. . Social Capital in the Creation of Human Capital [J]. American Journal of Sociology, 1998, 94 (1): 95 – 121.

[22] Cooke & Clifton. Social Capital and Small Medium Enterprise Performance in the United Kingdom [R]. Paper Prepared for Workshop on Entrepreneurship in the Modern Space – Economy: Evolutionary and Policy Perspectives, 2002.

[23] Damanpour, F. . Organizational Innovation: A Meta – Analysis of Effects of Determinants and Moderators [J]. Academy of Management Journal, 1991 (34), 555 – 590.

[24] Davidson, B. . European Farming in Australia [M]. Amsterdam: Elsevier Scientific Publishing Company, 1981.

[25] Devinney. How Well Do Patents Measure New Product Activity [J]. Economics Letters, 1993, 41 (4): 447 – 450.

[26] Dyer, J. H. & Singh, H. . The Relational View: Cooperative Strategy and Sources of Inter – organizational Competitive Advantage [J]. The Academy of Management Review, 1998, 23 (4): 660 – 679.

[27] Echols, A. & Tsai, W. P. . Niche and Performance: The Moderating Role of Network Embeddedness [J]. Strategic Management Journal, 2005, 26 (3): 359 – 373.

[28] Elfring, Y. & Hulsink, W. . Networks in Entrepreneurship: The Case of High – technology Firms [J]. Small Business Economics, 2003, 21 (4): 409 – 422.

[29] Escribano, A. & Fosfuri, A. . Managing External Knowledge Flows: The Moderating Role of Absorptive Capacity [J]. Research Policy, 2009, 38 (1).

[30] Ferrier, W. Smith, K. G. & Grimm, C.. The Role of Competitive Action in Market Share Erosion and Industry Dethronement: A Study of Industry Leaders and Challengers [J]. Academy of Management Journal, 1999 (42): 372 – 388.

[31] Fleming, L. & Sorenson, O.. Technology as a Complex Adaptive System: Evidence from Patent Data [J]. Research Policy, 2001 (8): 1019 – 1039.

[32] Foss, N. J.. The Theory of the Firm: Contractual and Competence Perspectives [J]. Journal of Evolutionary Economics, 1993 (3): 127 – 144.

[33] Freeman, C.. Networks of Innovations: A Synthesis of Research Issues [J]. Research Policy, 1991 (20): 499 – 514.

[34] Gao, S. X., Xu, K. & Yang, J. J.. Managerial Ties, Absorptive Capacity, and Innovation [J]. Asia Pacific Journal Management, 2008, 23 (9): 395 – 412.

[35] Geogr, J. E.. The Role of the Firm's Internal and Relational Capabilities in Clusters: When Distance and Embeddedness are Not Enough to Explain Innovation [J]. Journal of Economics geography, 2009, 9 (2): 263 – 283.

[36] George, G.. Learning to be Capable: Patenting and Licensing at the Wisconsin Alumni Research Foundation, 1925 – 2002 [J]. Industrial and Corporate Change, 2005 (1): 119 – 151.

[37] Grandori, A.. Governance Structures, Coordination Mechanisms and Cognitive Models [J]. Journal of Management and Governance, 1997 (1): 29 – 47.

[38] Granovetter, M. A.. The Strength of Weak Ties [J]. American Journal of Sociology, 1973, 78 (6): 1360 – 1380.

[39] Granovetter, M. A.. Economic Action and Social Structure: The Problem of Embeddedness [J]. American Journal of Sociology, 1985, 91 (1): 481 – 510.

[40] Granovetter, M. A.. Theoretical Agenda for Economic Sociology [J]. Working Paper, Department of Sociology, Stanford University, 2000 (6): 218 – 247.

[41] Gulati, R.. Alliances & Networks [J]. Strategic Management Journal, 1998, 19 (1): 293 – 317.

［42］Hadgedoom & Cloodt. Measuring Innovation Performance: Is There an Advantage in Using Multiple Indicators ［J］. Research Policy, 2003, 32 (1): 56 – 79.

［43］Hagedoom, J. & Cloodt, M.. Measuring Performances: Is There an Advantage in Using Multiple Indicators? ［J］. Research Policy, 2003, (32): 1365 – 1379.

［44］Hansen, M. T.. The Search – transfer Problem: The Role of Weak Ties in Sharing Knowledge across Organization Subunits ［J］. Administrative Science Quarterly, 1999, 44 (1): 82 – 112.

［45］Hsu, J. Y.. A Late Industrial District? Leaning Network in the Hsinchu Science – based Industrial Park ［D］. University of California California, 1997.

［46］Jansen & Bosch. Managing Potential and Realized Absorptive Capacity: How Do Organizational Antecedents Matter? ［J］. Academy of Management Journal, 2005, 48 (6): 999.

［47］Jarillo, J. C.. On the Strategic Networks ［J］. Strategic Management Journal, 1998 (9): 31 – 41.

［48］Johanson, J. & Mattsson, L. G.. Inter – organization in Industrial System – a Network Approach, in Strategies in Global Competition: Selected Paper from the Prince ［D］. Edited by N. Hood and J. E. Vahlne, Croom Helm, New York, 1998.

［49］Johnson, J. & Mattsson, L. G.. Inter – organizational Relations in Industrial Systems: A Network Approach Compared with the Transaction – cost Approach ［J］. Int. Studies of Mgt. & Org, 1987, 17 (1): 34 – 48.

［50］Kim, L.. Crisis Construction and Organizational Learning: Capability Building in Catching – up at Hyundai Motor ［J］. Organization Science, 1998, 9 (4): 506 – 521.

［51］Knoke, D. & Kuklinski, J. H.. Network Analysis ［M］. Beverly Hills: Sage Publication. 1982.

［52］Kogut, B. & Zander, U.. Knowledge of the Firm, Combinative Capabilities and the Replication of Rechnology ［J］. Organization Science, 1992 (3): 383 – 397.

[53] Lane, P. J. & Lubatkin, M.. Relative Absorptive Capacity and Inter – organizational Learning [J]. Strategic Management Journal, 1998 (19): 461 – 477.

[54] Lane, P. J. Salk, J. E. & Lyles, M. A.. Absorptive Capacity, Learning, and Performance in International Joint Ventures [J]. Strategic Management Journal, 2001 (22): 1139 – 1161.

[55] Larson, R. & Bengtsson, L.. The Inter – organization Learning Dilemma: Collective Knowledge Development in Strategic Alliances [J]. Organization Science, 1998, 11 (9): 283 – 305.

[56] Lazerson, M.. A New Phoenix? Modern Putting – out in the Modena Knitwear Industry [J]. Administrative Science Quarterly, 1995 (40): 34 – 59.

[57] Lee, C. & Lee, K.. Internal Capabilities, External Networks, and Performance: A Study on Technology – based Ventures [J]. Strategic Management Journal, 2001, 22 (1): 615 – 640.

[58] Leenders, R. T. & Gabbay, A. J.. Corporate Social Capital and Liability [M]. New York: Kluwer Academic Publishers, 1999.

[59] Liao, S. H. , Fei, W. C. & Chen, C. C.. Knowledge Sharing, Absorptive Capability, and Innovation Capability: An Empirical Study of Chinese Taiwan's Knowledge – intensive Industries [J]. Journal of Information Science, 2007 (6): 340 – 359.

[60] Liu, H. J. & Chen, C. M.. Corporate Organizational Capital, Strategic Proactiveness and Firm Performance: An Empirical Research on Chinese Firms [J]. Frontiers of Business Research in China, 2009 (3): 1 – 26.

[61] Malmberg, A.. Beyond the Cluster Connection Local Milieus and Global Connections [J]. Tourism and Hospitality Research, 2000, 2 (3): 199 – 213.

[62] McEvily, B. & Zaheer, A.. Bridging Ties: A Source of Firm Heterogeneity in Competitive Capabilities [J]. Strategic Management Journal, 1999 (20): 1133 – 1156.

[63] Mcfadyen, M. A. & Cannella, A. A.. Social Capital and Knowledge Cre-

ation: Diminishing Returns of the Number and Strength of Exchange Relationships [J]. Academy of Management Journal, 2004, 47 (5): 735 – 746.

[64] Mowery, D. C. & Oxley, J. E.. Inward Technology Transfer and Competitiveness: The Role of National Innovation Systems [J]. Cambridge Journal of Economics, 1995, 19 (1): 67 – 93.

[65] Nadler, D. & Tushman, M.. Strategic Organizational Design [M]. New York: Harper Collins, 1988.

[66] Nelson R. R.. National Innovation System—a Comparative Analysis [M]. Oxford: Oxford University Press, 1993.

[67] Nunzia, C.. Innovation Processes within Geographical Clusters: A Cognitive Approach [J]. Technovation, 2004 (1): 23 – 41.

[68] Oliver, H. & Moore, J.. Property Rights and the Nature of the Firm [J]. Journal of Political Economy, 1990, 98 (1): 1119 – 1158.

[69] Oliver, R. L.. Cognitive, Affective, and Attribute Bases of the Satisfaction Response [J]. Journal of Consumer Research, 1993 (3): 425 – 449.

[70] Ostgaard T. A. & Birley S.. New Venture Growth and Personal Networks [J]. Journal of Business Research, 1996 (2): 214 – 243.

[71] Pennings, J. M. & Lee, K.. Social Capital of Organization: Conceptualization Level of Analysis, and Performance Implications In: Corporate Social Capital and Liability [M]. New York: Kluwer Academic Publishers, 1999.

[72] Penrose, E.. The Theory of the Growth of the Firm [M]. Third ed. M, Oxford, UK: Oxford University Press, 1959.

[73] Porter, M. E.. Clusters and the New Economics of Competition [J]. Harvard Business Review, 1998, 76 (6): 77 – 90.

[74] Pfeffer, J. & Salancik, G. R.. The External Control of Organization: A Resource Dependence Perspective [M]. New York: Harper & Row, 1978.

[75] Porter, M. E.. National Competitive Advantage [J]. New York: Free Press, 2002: 51 – 85.

[76] Powell, W. W.. Neither Market nor Hierarchy: Network Forms of Organ-

izing. IN: B. Staw & L. L. , Cummings, Research in Organizational Behavior. Greenwich, CT: JAI, 1990: 295 – 336.

[77] Powell, W. W. & Brantley, P. . Competitive Cooperation in Biotechnology: Learning Through Networks? In: N. Nohria & R. G. Eccles, Networks and Organizations: Structure, Form, and Action. Boston, MA: Harvard Business School Press, 1992: 366 – 369.

[78] Powell, W. W. & Koput, W. . Inter – organizational Collaboration and the Locus of Innovation: Networks of Learning in Biotechnology [J]. Administrative Science Quarterly, 1996 (41): 116 – 145.

[79] Redding, G. . The Spirit of Chinese Apitalism [R]. Berlin: De Gruyter Paper to be Discussed at the DRUID Conference on Systems of in Innovation in Aalborg, Denmark, 1990.

[80] Samson, W. Y. M. . Inter – organizational Network and Firm Performance: The Case of the Bicycle Industry in Chinese Taiwan [J]. Asian Business & Management, 2005 (4): 67 – 91.

[81] Scott, A. J. & Storper, M. . Pathways to Industrialization and Regional Development [M]. London: Routledge, 1992: 3 – 22.

[82] Shu, S. T. Wong, V. & Lee, N. . The Effects of External Linkages on New Product Innovativeness: An Examination of Moderating and Mediating Influences [J]. Journal of Strategic Marketing, 2005 (9): 199 – 218.

[83] Stock, G. N. , Greis, N. P. & Fischer, W. A. . Absorptive Capacity and New Product Development [J]. Journal of High Technology Management Research, 2001 (12): 77 – 91.

[84] Stuart, T. E. . Inter – organizational Alliances and the Performance of Firms: A Study of Growth and Innovation Rates in a High – technology Industry [J]. Strategic Management Journal, 2000 (21): 791 – 811.

[85] Teece, D. J. , Pisano, G. & Shuen, A. . Dynamic Capabilities and Strategic Management [J]. Strategic Management Journal, 1997, 18 (7): 509 – 533.

[86] Thompson, E. R.. Clustering of Foreign Direct Investment and Enhanced Technology Transfer: Evidence from Hong Kong Garment Firms in China [J]. World Development, 2002, 39 (1): 873 – 889.

[87] Thorelli, H. B.. Networks: Between Markets and Hierarchies [J]. Strategic Management Journal, 1986, 7 (1): 37 – 51.

[88] Tichy, N. M. , Tushman, M. L. & C. F.. Social Network Analysis for Organizations [J]. Academy of Management Review, 1979. 35 (8): 1261 – 1289.

[89] Tracey, P. A.. Networks and Competitive Strategy: Rethinking Clusters of Innovation [J]. Growth and Change, 2003 (1): 52 – 74.

[90] Tsai W. , Ghoshal S.. Social Capital and Value Creation: The Role of Inter – firm Network [J]. Academy of Management Journal, 1998, 41 (4): 464 – 476.

[91] Tsai, W. P.. Social Structure of "Cooperation" within a Multiunit Organization: Coordination Competition, and Inter – organizational Knowledge Sharing [J]. Organization Science, 2002, 13 (2): 179 – 191.

[92] Tsai, Y. C.. Effect of Social Capital and Absorptive Capability on Innovation in Internet Marketing [J]. International Journal of Management, 2006, 23 (1): 157 – 166.

[93] Tushman, M. & Anderson, P.. Technological Discontinuities and Organizational Environments [J]. Administrative Science Quarterly, 1986 (31): 439 – 465.

[94] Uzzi, B.. Social Structure and Competition in Inter – firm Networks: The Paradox of Embeddedness [J]. Administrative Science Quarterly, 1997, 42 (1): 35 – 67.

[95] Uzzi, B.. The Sources and Consequences of Embeddedness for the Economic Performance of Organizations [J]. American Sociology Revies, 1996, 61 (1): 674 – 698.

[96] Veugelers, R.. Internal R&D Expenditures and External Technology Sourcing [J]. Research Policy, 1997 (26): 303 – 315.

［97］Watts, D. J. & Strogatz, S. H.. Collective Dynamics of "Small World" Network ［J］. Nature, 1998, 393 (6): 440 - 442.

［98］Wernerfelt B. A.. Resouce - based View of the Firm ［J］. Strategic Management Journal, 1984, (5): 171 - 180.

［99］Williamson, O. E.. Markets and Hierarchies: Analysis and Antitrust Implications ［M］. New York: Free Press, 1975.

［100］Williamson, O. E.. The Economic Institutions of Capitalism: Firms, Markets and Relational - contracting ［M］. New York: Free Press. 1985.

［101］Wu, S. H., Lin, L. Y., & Hsu, M. Y.. Intellectual Capital, Dynamic Capabilities and Innovative Performance of Organizations, International ［J］. Journal of Technology Management, 2007 (3): 279 - 296.

［102］Zahra, S. A. & George, G.. Absorptive Capability: A Review, Re - conceptualization and Extension ［J］. Academy of Management Review, 2002, 27 (1): 185 - 203.

## 二、中文文献

［1］陈守明. 现代企业网络 ［M］. 上海: 上海人民出版社, 2002.

［2］池仁勇. 区域中小企业创新网络的结点联结及其效率评价研究 ［J］. 管理世界, 2007 (1).

［3］池仁勇. 意大利中小企业集群的形成条件与特征 ［J］. 外国经济与管理, 2001 (8).

［4］池仁勇. 区域中小企业创新网络评价与构建研究: 理论与实践 ［D］. 中国农业大学博士学位论文, 2005 (5).

［5］符正平. 论企业集群的产生各种与形成不利机制 ［J］. 中国工业经济, 2002 (10).

［6］符正平. 现代管理手段与企业集群成长 ［J］. 中山大学学报（社会科学版）, 2003 (6).

［7］郭劲光, 高静美. 网络、资源与竞争优势: 一个企业社会学视角下

的观点［J］．中国工业经济，2006（3）．

［8］何晓群，刘文卿．应用回归分析［M］．北京：中国人民大学出版社，2002．

［9］嵇登科．企业网络对企业技术创新绩效的影响研究［D］．浙江大学硕士学位论文，2006（4）．

［10］蒋军锋．技术创新网络结构演变研究［D］．西安理工大学博士学位论文，2007（5）．

［11］李建玲，孙铁山．推进北京高新技术产业集聚与发展中的政府作用研究［J］．科研管理，2003（5）．

［12］楼飞炯．基于吸收能力的企业外部网络效应与创新绩效关系研究［D］．浙江大学硕士学位论文，2007（4）．

［13］罗仲伟．网络组织的特性及其经济学分析［J］．外国经济与管理，2000（6）．

［14］马庆国．管理统计：数据获取、统计原理、SPSS 工具与应用研究［M］．北京：科学出版社，2002．

［15］慕继丰，冯宗宪．基于企业网络的经济和区域发展理论［J］．外国经济与管理，2001，23（3）．

［16］孙启贵，邓欣，徐飞．破坏性创新的概念界定与模型构建［J］．科技管理研究，2006，（8）．

［17］苏惠香．网络经济技术创新与扩散效应研究［D］．东北财经大学博士学位论文，2007（6）．

［18］唐翌．社会网络特性对社会资本价值实现的影响［J］．经济科学，2003（3）．

［19］田家欣，贾生华．提升民营企业国际分工地位［J］．浙江经济，2007（6）．

［20］王大洲．企业创新网络的进化与治理：一个文献综述［J］．科研管理，2003（5）．

［21］王红梅，邱成利．技术创新过程中多主体合作的重要性分析及启示［J］．中国软科学，2002（3）．

[22] 汪少华，汪佳蕾．浙江省企业集群成长的创新模式 [J]．中国农村经济，2002（8）．

[23] 魏江．产业集群——创新系统与技术学习 [M]．北京：科学出版社，2003．

[24] 韦影．企业社会资本与技术创新：基于吸收能力的实证研究 [J]．中国工业经济，2007，（9）．

[25] 吴国林．广东专业镇：中小企业集群的技术创新与生态化 [M]．北京：人民出版社，2006．

[26] 谢洪明，刘少川．产业集群、网络与企业竞争力的关系研究 [J]．管理工程学报，2007，21（2）．

[27] 熊瑞梅．社会网络的资料搜集、测量及分析方法的检讨 [R]．社会科学研究方法检讨与前瞻科技讨论会，"中央研究院"民族学研究所，1993．

[28] 杨海珍．技术创新过程中的网络研究 [J]．西北大学学报（自然科学版），1999（5）．

[29] 姚小涛．社会网络理论及其在企业研究中的应用 [J]．西安交通大学学报，2003，3（23）．

[30] 朱静芬，史占中．中小企业集群发展理论综述 [J]．学术动态，2003，9（3）．

[31] 张方华．企业的社会资本与技术合作 [J]．科研管理，2004，25（2）．

[32] 张世勳．地理群聚内厂商之网络关系对其竞争力影响之研究 [D]．中国台湾朝阳科技大学硕士学位论文，2002（4）．

[33] 朱永华．中小企业集群发展与创新 [M]．北京：中国经济出版社，2006．

# 后　记

　　该项研究是 2012 年教育部人文社科项目"FDI 技术外溢与企业技术创新——基于闽粤创新型产业集群的实证研究"（项目批准号：12YJC790286）的阶段性成果。本项研究从预研到形成书稿历时近五年时间，包括查找文献、进行理论梳理、实地调研和深度访谈案例分析、听取其他专家学者的意见和建议。本书所进行的比较有特色的工作，主要有以下三点：第一，以广东省东部地区为例，深入研究了中小企业怎样利用集群网络关系提升技术创新能力的机理。第二，对该地区集群网络总体特征和企业能力进行探索，通过大样本 224 家网络内中小企业的问卷调查获取数据，进行实证研究。第三，经过半年多有目的的"扎根式"实地调研，对相关企业进行个案深度访谈，更好地对实证结果进行解释和补充。

　　在本书即将完成的时候，首先，要感谢教育部社会科学司对本书持续研究中小企业外部网络与创新的计划给予的充分肯定和明确指示，从而更加坚定了我们开展此研究的信心。其次，要感谢对本项研究给予具体指导和帮助的汕头大学商学院林丹明教授。最后，要感谢经济管理出版社编辑认真负责、一丝不苟的工作，给本书以很大的鼓励和鞭策。

　　本研究难点之一乃实地调研，为确保在数据真实性和资料可靠性的基础上获取更多信息，本书做了许多的工作（包括为汕头花边内衣行业 20 多家企业从事外贸翻译工作、多次带领相关专家学者进行个案访谈以及为潮州不锈钢行业撰写可行性报告等）。近一年的实地调研生活感受颇深，特别感谢阿雄花边、高雄织带、阿洁、张婷、饶美花边、葵叔、雪欢、佳佳、郑韬、郑兴、洪广恩等对调研协助和交通方面的帮助；感谢汕头大学商学院梁强、王新军、肖鹏文和郗群等对数据录入、统计和数据分析的帮助。

汕头大学商学院对中小企业网络的研究有着一定的传统，凝聚着几届研究生和导师的心血。今后，本书的这个学术团队将继续沿着这一主线开展更加深入、扎实的科学研究，以期不断取得新的研究成果。

郑慕强　徐宗玲

2013 年 10 月 05 日